学习力

知识焦虑时代，如何升级认知

（Erika Andersen）
［美］艾丽卡·安德森◎著
林梅　苑东明◎译

ST

TO STAY READY FOR THE FUTURE

電子工業出版社
Publishing House of Electronics Industry
北京•BEIJING

我知道，你是最善良、最勇敢、最真实的人

/赞 誉/

艾丽卡·安德森和我们分享了一个秘密：先天能力的重要性被高估了。本书读起来既有乐趣又有说服力……我全力推荐！

——赛斯·高汀（Seth Godin）

超级畅销书作家、商业思想家

如果说通向成功的道路是由认真反思总结的错误铺成的，那么生活的旅程就是靠着不惧启程时的步履蹒跚、勇敢上路而赢得的，不论未来能走多远，起步都是艰难的。在这本书中，作者热情地指引我们一步步建立信心，克服不利于成年人提高进步的对学习的自然畏惧心理，努力实现不断成长。

——丹尼·美亚（Danny Meyer）

联合广场酒店集团首席执行官

《欢迎光临：让顾客钟情一生的服务体验》（*Setting the Table*: *The Transforming Power of Hospitality in Business*）作者

在本书中，作者向希望在不断变化的商业世界中探索的我们传授了极有价值的策略。

——道格·赫佐格（Doug Herzog）

维亚康姆集团（Viacom）娱乐公司董事长

我在职业生涯的早期就听说，不论你今天干得有多好，都会成为明日黄花。正如本书所描述的，要想应对这个现实，就需要建立起特定的心智技能。本书清楚地向你指出如何做，你才能满怀信心地在无论哪个方面都勇立潮头。这本书需要每年都读一读，好让自己的成功经久不衰。

——玛西亚·雷诺兹（Marcia Reynolds）

博士、《不舒适区》（*The Discomfort Zone: How Leaders Turn Difficult Conversations into Breakthroughs*）作者

变化是这个世界的新常态。在本书中，艾丽卡·安德森向我们展示了如何才能变得更加富有敏捷性和适应性。她为我们呈现了如何快速获得新技能和新知识，才能在今天这个快速发展的世界中保持不败。

——马利亚姆·拜尼克瑞姆（Maryam Banikarim）

凯悦酒店集团（Hyatt Hotels Corporation）全球首席营销官

艾丽卡·安德森向我们指明了我们自己的一些黑暗秘密，她所采用的方式能够帮我们领悟到从差开始不但没什么不好，而且对我们开启学习过程、争取持久成功，还绝对有必要。

——苏珊·福勒尔（Susan Fowler）

《为什么激励不奏效，应该怎么做》（*Why Motivating People Doesn't Work and What Does*）作者

无论你必须学什么还是想去学什么，本书都会指引你如何打开自己、实现自我。

——杰夫·坦那（Jeff Tanner）

欧道明大学（Old Dominion University）斯特罗姆商学院院长

不论是在工作上还是在生活中，当我们尝试新的事物时，经常会退缩不前、质疑自己。我很喜欢艾丽卡·安德森提出的这种从差开始的精神，这能鼓励领导者们以创新的精神和自信的态度去尝试，并快速走向卓越。

——贝斯·康斯托克（Beth Comstock）

通用电气公司（GE）副总裁

为了在今天这个快速变化的世界取得成功，你需要时刻用全新的方法来思考和行动。艾丽卡以清晰、实用的语言为我们带来了一个全新的方法。为了达到优秀和卓越，你不应该怯于从差开始。

——邦尼·哈默（Bonnie Hammer）

美国国家广播公司（NBC Universal）环球有线娱乐集团董事长

目录 CONTENTS

CHAPTER 01

学习的新需求——我们五味杂陈的反应

我的客户明显不太高兴。

“我不知道怎样才能让我的伙伴们超越手头正在做的工作，思路更宽一些！”他很恼火地说。看到我探询的表情，他继续说道：“我要求高管团队的每位成员与公司新的总体思路保持一致，落实这些新思路确实可以让我们的事业向前推进。可他们当中的绝大部分人回复我的只是他们现有目标的变化情况。我不知道怎样做，才能让他们学会以不同的方式思考。”

他到这家媒体公司担任首席执行官（CEO）还不到一年时间，刚刚让公司走出破产边缘，他对公司进行了大刀阔斧的改革。高管团队全部更新，分拆绩效不佳的部门，并对未来前景看好的一小部分业务加大投资力度。那他会有什么大挫折呢？有。那就是如何才能让他的员工跟随自己一起进入未知领域，愿意一起进行试验，一起去尝试新鲜事物。

“我能想象到他们担心自己未来会掉队，或者在你眼中变得不堪再用。”我回复道。

他看起来很困惑。

“这些员工都非常擅长自己的本职工作，”我接着说，“并且他们认为这也是你雇用他们或愿意留下他们的原因。他们自我感觉能高度胜任，甚至已达到专家水平，这种感觉会使他们自信和舒适，特别是在经历过这么多变革的公司里面。”我身体向前倾了倾，“你现在要求他们去学习全新的运营方法，建议他们去尝试从没有经历过的事情，这也许会全盘皆输。你要求他们这些中年专家冒险再去当一名新手……看起来傻傻的，很容易犯错，也不知道怎么去做事情。这会让他们倍感煎熬。他们自然会抗拒这样做，会顽固地把精力集中在他们擅长和觉得舒适的领域。”

他的脸放晴了。与大多数人不同，这个很有个性的 CEO 愿意公开去尝试新的事物，愿意面对由此带来的煎熬。犯错误，说“我不知道”，问“这是啥意思”，这类事情通常不太会让他觉得难为情。

“所以我需要鼓励他们去享受这份‘煎熬’。”他说，此时脸上开始露出微笑。

“没错，”我说，“你需要让他们明白，不是把所有的事情都设计得明明白白才算好，你预计到不是所有新想法都会取得成功。最重要的是，必须让他们清楚，你确实认为磨炼和失误在开拓创新过程中是不可避免的。在他们理解、探索新想法和学习新技能的过程中，当他们面对棘手的现实情况时，你的责任就是向他们提供支持，让他们能够坦然面对。你必须知道，并且要让他们知道，在掌握新事物时，必须愿意从差起步，像菜鸟一样学习。”

这就是本书想要表达的内容。我这么反复说，你可能会感到厌烦，但这是贯穿整本书我们要讨论和思考的核心内容，令人惊讶的是，在这现代生活中并未得到很好的认识。因为今天我们每个人每时每刻都面临被大量信息淹没的危险，面对着大量全新的选择。我们必须学会用前人从未使用过的方法去坦然面对这种挑战。就像我的一个客户说过的一句非常智慧的话，我们必须学会“在不舒服的情况下感觉舒服”。

在你认定这是另一本关于失败的书籍之前

读到这里，我觉得我不得不暂停一下，猜测一下你们的心思。现在，我相信你可能会想：“哦，在前进中失败，尽早经历失败。这就是她想要说的，这些我都知道，我读过关于失败的书籍……”

我相信你可能会那样想，因为当我们跟人们谈起从差开始的时候，绝大多数人的反应都是那样。“在前进中失败”的概念来自于约翰·麦克斯韦（John Maxwell）的超级畅销书，是讲关于如何从容面对失败的。这点很重要，它已帮助了很多人接受失败和错误而不是被它们打垮。

所以我需要在这里阐明：这本书不是写在失败中如何锐意进取，或者如何在失败了一百个想法后找到一个成功的想法，或者如何在遭遇失败后咬紧牙关、东山再起。我在这里要做的是，帮助你在心智和行动上建立一些关键的习惯，即心智技巧，这是能让你快速、持续地学习新能力的技巧，这是在当今世界生存下去的一项基本能力。

在这些心智技巧中，最难进行培养的一项，就是我们要在学习新事物的过程中，学会接受由此带来的、不可避免的不适感和不安定感。有时这包括要接受失败，但更多的时候意味着要适应学习进度缓慢，事情棘手难办、晦暗不清，不得不问一些尴尬的问题等情况。这就是说，在提升进步的过程中，要学会接受、适应从差开始这个现实挑战。有趣的是，如果你能学会从差开始（再加上我在本书中进行分享的另外三个心智技巧），你在学习的过程中失败的概率就会大幅降低。关于这个话题会在后面更多地被提到（在第 8 章）。在这里，我们的重要目的是掌握从差开始的能力，愿意像菜鸟一样学习，在学习的过程中配合其他心智技巧，这样你将会成为世界级的学习者，这是我们大家在 21 世纪成功的关键。

为什么从差开始现在如此必要

让我们再多讲讲为什么愿意从差开始的心态如此必要。除非你生活在赤道热带雨林深处或高山顶部，你应该知道我们正生活在一个史无前例的快速变化时代，每天都被大量爆炸性增长的新知识所驱动。20 世纪 80 年代初期，未来学家巴克敏斯特·法莱（Buckminster Fuller）提出了一个对人类知识的病毒式增长进行概念化描述的有趣方法。他在自己的著作《关键路径》（*The Critical Path*）中建立了一个他称为“知识倍增曲线”的概念。他首先假设在公元 1 年人类集体积累的知识量为 1 个“知识单元”。法莱估计直到公元 1500 年左右，人类累计的知识量才翻倍达到 2 个“知识单元”。

他继续提出下一次人类知识翻倍，即从 2 个“知识单元”增长到 4 个“知识单元”，发生在 1750 年。他指出第二次知识翻倍所需时间明显比第一次缩短了很多，这得益于印刷机的发明和海洋船只的建造。从此，人类可以从一个区域跨越到另一个区域进行大范围的旅行，这两者的发明都有力促进了知识传播。

他更进一步推断人类知识的再一次翻倍发生在 1900 年左右。所以，根据法莱的理论，人类从“知识增长曲线”的原点（1 个“知识单元”）开始到掌握和创造 8 个“知识单元”经历了大约 1900 年。这是人类取得的重要成就，但这才仅仅是个开始。从这个点往后，这条曲线才真正开始加速上升。

法莱提出的再下一个翻倍发生在 20 世纪 50 年代左右，然后是 70 年代，再下来是 80 年代。加速仍然在持续。现在，有研究者评估人类知识每 12 个月就会翻一番，近十年内有些项目领域的知识甚至会每 12 个小时就翻一番。

让我们花一分钟时间，从个人角度来看看这个现象。我母亲的父亲生于 1887 年，大约处在人类知识第三次翻倍的年代。根据法莱的模型，人类知识与公元 1 年时相比已经增长到了 800%。但是，到 20 世纪 80 年代我的孩子也就是他的曾曾孙出生时，人类知识又已经在他们那个年代的基础上增长了 800%。对此，你可以做出这样的正确解读：我们人类的知识量在这 100 年周期内的增长量与过去 1900 年实现的增长量相当。

我想，现在你的头脑里面会出现这样一条几何曲线。一条直线，开始的时候几乎是水平的，逐渐向上移动，曲线慢慢开始加速向上，然后突然陡峭向上，几乎突破了图形的最高点。如果把我们的知识增长看成一场跑步比赛，那我们现在正处于曲线的飞速冲刺阶段。不过这对我们的日常生活意味着什么呢？最突出的一点是，这意味着我们拥有更多的选择，知识的丰富同步带来了选择的丰富。因为我们对自己以及周围的世界知道、了解得越多，那相对于我们的祖父母和曾祖父母们，我们在每一时刻拥有的选择就会越加丰富，这些选择涉及我们去关注什么知识，学习什么知识，以及如何去运用我们学过的知识。

举个例子，我的母亲出生于 1922 年，她经常告诉我们她和父亲当年如何组装了一台晶体管收音机，用于收听查理斯·林德伯格（Charles Lindbergh）于 1927 年 5 月独自从纽约飞行至巴黎的节目。这是人类首次由单人驾驶飞机穿越大西洋。她记得父亲告诉她，林德伯格是历史上第一位今天还在纽约，第二天就到达巴黎的人。当时几乎全世界知道林德伯格飞行消息的人都在关注这件事情，包括数以百计的在巴黎郊外机场等候飞机降落的人，数以千计因为收音机这一奇迹发明而得以收听到广播新闻的人，以及那些通过在世界范围内快速普及的电报和电话而得知消息的人们，还有数以百万计第二天通过当地报纸得知消息的人们。几个星期后，这件事成了大部分人心中最重要的新闻事件。又过了几个月，有关他成功的新闻，几乎被全世界每一个关注此事的人都知道了。

把这与今天的情况对比一下。今天，任何一件有点重要意义的事件（还有很多在我们看来其实根本不重要的事情）都会在短短几分钟之内传遍世界。从总统竞选到阿拉伯之春抗议事件，从政府丑闻到明星宝贝，从医学的开创性发现到可怕的瘟疫大流行……在眨眼之间，我们就能了解到任何信息。我们时时刻刻都得做出选择，怎么思考这些信息，怎样做出恰当的反应，如何判断这些信息是否会影响我们的生活。

这场信息爆炸（我们面临的选择之多也随之呈现爆发之势，必须决定究竟要把注意力投向何处）也引起了二次爆炸，比如：在科学和技术知识方面以及在我们对社会和个人权利的信仰和期望方面。任何从 20 世纪初跨越到 21 世纪的人，面对日常生活所发生的变化一定会显得不知所措，这既包括科技发展水平方面的变化也包括文化水平的变迁。小汽车早已是现代家庭生活的一部分，装在衣袋里的手机就可以打电话、拍相片，掌管我们每天生活需要的方方面面的信息；飞机、电视、抗生素，以及电脑是我们的日常用品；妇女的地位和有色人种的地位发生了极大的变化；大量形态各异的生活方式、宗教信仰和哲学流派都被认为是合法的和正常的。

本书的观点是，在 21 世纪，学会如何从差开始，对我们是十分必要的。但是以上所述的内容与本书观点之间有什么联系呢？那就是，知识爆炸以及由此带来的科学、技术和文化方面的进步，极大地改变了我们学习和工作的方法，以及我们工作和生活的取胜之道。

对于在 20 世纪早期长大的人来说，他们对学习的预期非常清晰：进入学校学习基础知识，然后找一份工作，为尽力做好工作而依照工作需要继续学习。你会以某种状态从事这份职业，直到退休为止。不管你是医生还是管道修理工，情况都是一样的。绝大多数人学习从事某种职业或者专业，并且在他们的整个职业生涯中都会顺着自己的职业、专业路线走下去。当然，也有一些人非常渴望能够在他们所选择的专业领域达到精通。这些人会自豪于学到该领域偶尔出现的新技术和新方法，或是探索出一些可以更好地完成某些重要工作任务的途径。但是绝大多数从 1925 年开始工作的人（通常是男性），会一直从事相同类型的工作直到 1965 年退休，并获得一块用以表彰他们忠诚服务的金表。

在那样的时代环境下，快速和持续地学习新事物的能力显得不是那么重要。大多数人们通常认为，大部分的学习任务在他们生命的早期阶段就完成了。等到成人以后，他们就可以很轻松地胜任（有可能是精通）工作，只需要付出必要努力以保持目前的技能和知识状态就可以了。换工作，更不要提换职业，在大多数人看来，是对工作不够尽心投入，工作习惯不好，或不能与人好好相处的表现。在 20 世纪三四十年代的老电影中，戏里的人们常说“他是一名记者”或“她是一名老师”，这种表达方式精确地反映了人们的自我认知以及相互认知的思维方式：你取得了一份工作，人们就按照这份工作来识别你，直到你退休。事实上还有可能一直到去世之前，人们都会按这份职业来认识你。

时间快进到现代，大多数人在进入职场时，总是期望他们能有机会在多家公司从事多种不同的工作，或者考虑工作之余再干上一两份自由职业，甚至希望能在职业生涯的部分时间内，创建自己的公司并在其中工作。呈几何级数增长的知识已经让几乎所有的工作都不可避免地产生了变化，并且对每个人的工作生涯都会造成显著的影响。现在每天、每小时都面临选择已经成为一种常态，对同样的主题，随着新的可能性出现，我们都有可能重新做出不同的选择。这种对选择进行取舍的新形态，允许我们在人生的不同时段，去选择不同的工作。

三代人：当变化加速

在过去三代人的生活中，由于知识以几何级数增长所导致的我们在职业生涯和职业期待方面的重大变化，已经对我们绝大多数人产生了直接影响：我们可以观察到写入家族变迁史的每个人，干工作的方式都有所不同。你的祖父母干工作的方法不同于你的父母，你的父母亲干工作的方法不同于你，而你的方法又不同于你的孩子们。

我自己的家庭也不例外。我父亲 1921 年出生于内布拉斯州山区，想在成大后当一名律师。珍珠港事件后，他离开大学加入了海岸警卫队，并且于第二次世界大战时期在太平洋区战斗了三年。战争结束后，他返回家乡迎娶大学时期的女朋友，也就是我的母亲，并且按照“退伍军人权利法”（GI Bill）去内布拉斯大学法律学院攻读学位。大学毕业并通过律师资格考试之后，他定居在了奥马哈市，并在那里加入到我祖父的律师事务所。我父母抚养了四个孩子，积极参加社区活动。我父亲一辈子都在奥马哈市从事劳动法律业务，直到 1988 年去世。他从来没有想过去换个行业，或者离开奥马哈市，对于这类事情他觉得很不可思议。他在这个小镇上定居，喜欢自己从事的职业，干得也得心应手。他的孩子们在这里成长，不论是作为一位热心参与社区活动的居民还是在自己选择的职业领域，他都非常成功。既然如此，他有什么理由要选择离开呢？他没有必要去考虑做不同的工作。在这四十年中，时代前进的速度不紧不慢，这让他一直以近乎不变的生活方式从容生活着。

尽管他是个聪明又有想法的人，但我难以想象他会认真地花时间来探究、质疑自己这种看起来天经地义的职业道路：找到你热爱又擅长的事情，然后一辈子从事这份工作以供养家庭，终此一生。

我还非常清晰地记得我的母亲和父亲用十分担忧的语气讨论我叔叔的事情。他是一名总是无奈地换工作单位的销售员，在职业生涯中还多次搬到别的城市居住。他们担忧的不是他有养不起家的危险，而仅仅就是为他未能一生只待在一家公司这件事情而感到不安。

作为下一代的我和我的兄弟姐妹们，由于在成年时代的早期就经历了越来越快的时代发展，因此完全接受了与父辈相比更加发散的职业路径。在我们四人当中，我大姐是唯一一个一直从事同一个行业的人。她是大学教授，但即便是她，从大学时代开始也在三个不同的城市生活过，在两所大学任教过，还是在另外一所大学做的毕业论文。我的两个兄弟和我都选择了对经历过经济大萧条的父母亲看来非常陌生的职业，但这些行业对在生育高峰期出生的人来讲是比较普通的。我们会在二十多岁和三十岁出头的几年时间自己去创业，这就是说为自己创造新的工作，而不是加入到现有的工作岗位中去。这可能是我们对呈现在自己面前的机会加以充分利用的正确方法，是对 20 世纪 70 年代和 80 年代发生在我们身边的新知识和新技术爆炸所做的正常反应。

我大哥在商业模式上进行创新，代理高端钢琴业务，在全国范围内他都是受人尊敬的钢琴技师，并培训行业内的其他技术人员；我的弟弟是一位知名记者、社会评论员和畅销小说作者；我则是一名作者和普林多斯（Proteus）这家专注于领导力培养的咨询公司的创始合伙人。不过，我们对父辈关于“找到对的事情，并坚持做下去”的信念也没有完全背弃。我们每个人都以不同的形式坚守着自己历经几十年创下的这些“饭碗”。作为生育高峰期出生的大部分人来讲，我们仍然相信找到一个好的职业并投入地坚持下去，是非常明智的事情。

不过，我们的孩子这一辈，离“一个职业”的信条就越来越远了，因为知识曲线在他们的年代已真正开始快速上升。他们大部分是千禧一代，每人都已经做过多个职业，他们当中有些人甚至已经探索过不止一个领域。比如说，我的大女儿是大学营销沟通专业毕业，并在公关和客户服务岗位工作过几年的时间。后来她意识到这些工作不像她希望的那样有趣并令人满意，所以她又返回学校攻读早期幼儿教育硕士学位，现在在一家领先的私立学校教书。尽管她热爱教育，并且对她自己的改变满意，但她并不认为在以后的职业生涯中就会一直从事教师职业。她还在不断学习和调整自己，她认为适应环境变化的能力是最需要掌握的。她精心做好自己的职业规划，享受这一过程，希望自己在这一过程中能随之成长，并且能支持她的丈夫和孩子。

她和同时代的小伙伴很少通过职业来定义自己，她们认为职业可以随着她们自身的变化而变化，这是由环境和变化中的需求来决定的。有一项研究表明，这些千禧一代希望在她们退休时能从事过 15 种到 20 种不同职业。不是在现有职业通道上逐步晋升到更重要或者更高级的岗位，而是想从事 15 种到 20 种不同的职业。事实上，现在二十多岁和三十多岁的人，并不认为他们今天从事的工作在40年后还会存在，更不用说到退休时还会从事与现在类似的职业。当他们最终到了退休年龄时，有50%的人不指望得到社会养老保障系统或者企业退休计划，也有几乎同样数量的人会继续去寻找自己认为有意义的工作，以至于不想完全退休。

从稳定到流动，这种转变同样发生在组织层面上。在20世纪初期，商业领域是由大公司垄断的，我们都以为它们会一直这样辉煌下去。（还记得环球航空公司吗？通用食品公司？安达信会计师事务所？）而现在，当我们想到成功企业时，马上涌入脑海的，许多都是由新知识孵化出来的新科技公司（亚马逊、谷歌、苹果、三星）。甚至连最大型的公司在面对由知识爆炸引发的技术和客户行为方面的巨变时都显得脆弱不堪。例如，在维基百科列出的，根据营业收入排名的世界大型企业中，有1/3分布在石油和天然气工业。当我们对可替代燃料的知识以及对它们进行营利性开发应用方面的知识呈指数级增长时，这些企业巨无霸们将面临何种命运呢？

就像我们其他人一样，掌控这些公司的人们也需要不断学习和应对变化，甚至有可能面对失败的风险。阿里·德·赫斯（Arie de

Geus），是一名非常敏捷的思考者，担任荷兰皇家壳牌公司（有趣的是，按照营收规模这家企业已经连续多年在榜上占据第二的位置）战略主管多年，用他的话来讲，“比竞争对手学得更快也许是你唯一可持续的竞争优势”。

让我们把目光聚集到一个让他的断言变得一天比一天更像真理的原因上。

更多知识=更多沟通=更多知识

我们一直在谈论在过去的一百年中，我们所拥有的知识和面临的选择的快速膨胀，以及由新知识而孵化出的新技术的激增。但是我们还没有直接谈论到互联网，互联网是 21 世纪最有力量的知识传播途径，在加速人类知识发展的能力方面，它甚至比印刷机和海船更为有效。互联网作为沟通手段的出现，进一步扩大了我们的知识基础，使“比竞争对手学得更快”这一命题变得更有可能和更为必要。

如果每年我们人类的知识都会翻倍的假设是正确的话，那么到这个十年结束的时候，我们要感谢互联网所做的贡献。举例说明，今天世界在科技或医疗方面的每项突破，都会立刻通过互联网向全世界的人们分享完整的细节，所以研究人员可以立即获得这些新的信息，并且可以以此为基础进行新的研究和创造。在商业创新方面也是如此。在旧时代（指的是 20 世纪 80 年代），当人们开发了一项新的商业模式时，他们总认为在有大量新的竞争者进来之前，还能有好多年的时间来站稳脚跟。但现在完全不是这样了。新的风险投资企业有可能在一夜之间成功，因为实际情况是，他们能利用新的社交媒体，以最低的成本把关于自己产品和服务的信息传播出去。但是这种便利的病毒性交流方式既可以成就创新者，也同样完全能够成就他们潜在的竞争者，第二天竞争者就能复制别人的方法和产品。

考虑到这些情况，我们就能清楚地看到，那些在当今世界实现成功的人，就是那些能快速和持续地掌握和应用新知识、新技能的人。这才是本书的真正前提：在历史的这个节点上，知识正在经历指数级增长，工作每天都在发生变化，几乎每个学科领域的进步都在不断使我们与其对话的能力变得陈旧落后，因此又快又好的学习能力是我们应该掌握的最重要的技能。

在本书要讨论的许多事情中，最重要的一条就是，时代要求我们要始终保持空杯心态，能够承认我们目前很差，愿意一遍又一遍地作为新手从头学起，俯身前行，直到可以达到精通的程度，除此之外没有别的路好走。我恐怕要提醒你的是：为了在这个新的世界保持生机，你必须每天都记住，要放弃“成人就是熟手”这样的观念。你必须停止认为你目前在工作和生活上的主要目标就是做对事情而不去犯任何错误。这样的信念会让你在当时感觉良好，但是随着时间的推移，你会被丢落在历史的烟尘里。

可是掌控不了事情让我感觉好糟糕

我们从理智上可能已经认识到，想要在当今时代取得成功，你就要开放思想，进行不间断的、颠覆性的学习，但这并不代表我们就喜欢这样去做或者说我们就擅长这样做了。《金融时报》最近刊登一篇文章指出，企业学习正变得严重无效。“每年全球企业在培训和发展上的花费高达数千亿英镑。但是一项持续进行的实际调研表明，每年只有 5%到 20%的学习内容能应用到实际工作中去。”

不管怎样说，我们都要承认，我们教授和学习的必需的新技能和工作结合的尝试没有得到很好的效果。

其中至少有部分原因是，我们在努力支持人们去掌握新技能和新知识时，没有考虑到人们在学习之前是非常抗拒学习新事物的。特别是当这些新事物与我们原有的知识技能结构大不相同时，或者当我们需要采取新的行为方式和思考方式去学习这些新知识的时候，就更是如此。2010 年由康奈尔大学的詹妮弗·穆勒（Jennifer Mueller）、席穆尔·梅尔瓦尼（Shimul Melwani）以及杰克·刚卡罗（Jack Goncalo）共同完成的一项研究，专门探讨当我们面对新理念时所面临的冲突性关系。

他们用一个试验来探究人们面对新理念时的内隐态度。这项测试提供了一些描述新的或未经证实的事情的关键词清单（比如：新奇的、创造性的、别出心裁的、原创的）和一些描述标准的或者众所周知的事情的关键词清单（比如：实际的、功能性的、建设性的、有用的），要求测试的参与者将这些词区分为“好的”或“糟糕的”。这项研究表明，尽管人们嘴上说他们喜欢和希望获得创造性和新想法，但当他们真的来区分这些熟悉和不熟悉的关键词时，他们看待那些“熟悉”的关键词的态度明显更加正面、积极，而观察那些“新”词时，却明显兴趣不足。这种情况反复出现。

不管我们如何宣称自己想变得有创造力，想对新理念保持开放心态，当我们面对新理念时，要想像对待那些已验证过的、已有深入了解的事情一般做到主动、正面的理解和接受，还是会经历心理挣扎。在这项研究中有一个发现，就是人们可能会相信，他们对各种洞见和创新保持着开放的态度。但通常是，要真的做到接纳新的理念，却只有在这些理念与他们现有的实践经验相吻合或者属于可预见的范围时，他们才能做到。

换句话说，只有在新理念和新技能能够证实、强化我们现有的信念和经验时，我们才喜欢接受它们。就像我在本章早些时候说到的，我们真的是非常喜欢那种完全胜任和一切尽在掌握的感觉。所以当新的知识可以支持和扩展我们作为专家的感觉时，我们就会很喜欢，会感到很欣慰。但是，如果新知识对我们现有的知识体系提出了质疑和挑战，或者会令我们认识到自己并不像原来所想象的那样是某方面的专家（我们已经告诉所有人我们就是这方面的专家），那我们就会拒绝接受它。

在 19 世纪后期，有一位名叫詹姆斯·阿瑟顿（James Atherton）的学者一针见血地指出：我们有些人虽然口头上说想要学习和接纳新的理念，但当这些新理念能暴露出我们现有知识领域存在漏洞时，或者会把我们引入崭新的领域，使我们变得像新手一样笨拙和不专业时，我们通常就会心门紧闭、抗拒学习。阿瑟顿强调："抗拒学习在成人培训师和职业导师那里是一种很常见的现象，但是太少有人对此诉诸文字加以研究。"

为了对这种抗拒行为进行研究，阿瑟顿开展了一项以访谈为基础的、针对社会服务专业人员参加服务培训项目的研究。这样的项目不是针对自由学习所进行的某种乖张的冒险，这里提供的知识内容都是他们要想在职业生涯中取得成功而必须具备的。大部分的参与者都没有明显地消极对待参加培训或者掌握新知识的要求，他们知道培训是必要的，因此也愿意参与其中。

然而，当阿瑟顿和他的同事开始研究这些参与者对培训的实际反应时，他们还是发现了一些不一样的事情。当面对新的知识和事实时，特别是面对那些与他们现有的知识体系相冲突的内容时，他们通常会选择退避三舍。研究的参与者们开始困惑不安，注意力难以集中。在被要求学习新东西，并以新方式开展工作或者对现有做法进行重新思考时，他们甚至动怒了。相当一部分参与者报告说：他们莫名其妙地失去了很大一部分学习理解能力，而他们原以为依靠自己现有的学识，理解和掌握这些内容根本不在话下。因此，他们用这样的措辞来描述遇到的窘境——“我的脑子不会转了”。

多年来，我在进行管理者教练的过程中，对这种情况也屡见不鲜。如果我们是帮助一些人在他们已经具备一定能力基础的领域去进一步提高，这是相对容易做到的。比如说，在授权方面已经做得不错，但需要进一步提高，尤其是当我们教授的授权模式正好和他现在采取的形式很一致时，辅导过程就会更顺利。但如果一个管理者实在不太擅长授权和委托（尤其是这名管理者认为自己已经是领导方面的“专家”时），完成任务将会变得十分艰难。阿瑟顿在他的研究中发现，人们在学习过程中会产生同样的困惑和恼怒情绪，以致连那些相对直白的理念也难以掌握，连一些相对简单的行为也难以改变。为了让管理者能够建立健康的心态，利于他们学会取得成功所必需的新技能，我们就需要向他们身上投入时间、关爱和注意力。

简而言之，我们不喜欢置身于从差开始的境地。作为成年人，我们明显很不喜欢后退的感觉，不愿意一遍又一遍地作为新手从头再来。当我们面对新的技能和知识时，我们会有一种不胜任的感觉，在内心深处，我们希望能够把这种感觉永远抛到脑后。我们想成为能搞定一切的成年人，当不得不从头再来学习全新的东西时，我们感觉困惑不安、信心不足，甚至被吓得提心吊胆。

就像我在本章开头所列举的案例中的管理者，他们口头上对老板在创新上的想法表示支持和赞同，甚至从理智上讲，他们可能都已理解对新的想法和新的做事方式保持开放的心态是多么重要。可一旦真的让他们拿出实际行动，走出心理舒适区时，事情就变得没那么容易了。这时，阿瑟顿研究的那些参与者内心也变得封闭起来。因为冒险闯入的大部分领域都是“我对此一无所知”的领域，在这种情况下，人会感到不舒服，不论是在专业知识技能方面还是在个人意志方面都会表现出软弱的一面。通常他们会选择撤退到已知的领域中去，否决学习新的理解方法和运作方法的机会，而这些机会原本有可能把他们自身和所在的公司带向一个更成功的未来。

所以，在当下这个时刻，甚至就在我们说话这会儿，知识和基于这些知识的机遇都在以指数级的速度增长着。我们每个人都要面对的一个关键问题就是：为了能成为“学习大师”，成为在 21 世纪最有可能成功的人，我们该怎样去克服在面临新的学习任务时所产生的犹豫和抗拒心理？

好消息是，隐藏在我们内心深处的某些特质会帮助我们。我们可能讨厌从差开始，但是我们喜欢能把更多的事情做精做好。

CHAPTER 02

精于其事的内在动力：我们想变得更好

我不知道到现在为止，你是不是已经明白了，我希望你能深刻认识到是这样两件事情：为了在当今时代获得成功，成为一名在学习新知识和技能方面技巧纯熟、顺畅无碍的学习者是多么重要；同时，我们每个人又会多么顽固地抗拒在真实的学习过程中经历那种难以回避的“菜鸟”状态。然而，我不想让你因此而过度沮丧，因为在我们人类内心深处还隐藏着某些优秀品质，可以帮助我们克服这些令人生畏的困难。最重要的一点是：我们可能真是从心底憎畏从差开始，但我们又特别喜欢精于某事、游刃有余的感觉。

“愤怒的小鸟”现象就是一个很好的例子。我第一次是从客户那里知道了“愤怒的小鸟”这款游戏，客户也是从他还不到青春期的女儿那里得知的，他的女儿几个月前把这款游戏介绍给他。“我根本就停不下来，”他说，“这是最疯狂的事情。”在我疑惑地看了他一会儿之后，他继续说道：“你也来试试看，一上手你就知道咋回事了。”

出于好奇，我当天晚上就在苹果手机上下载了这个小游戏，然后开始探索这群有着神奇力量的无翼小鸟和它们的主要敌人——小猪的世界，这些贼头贼脑的小猪军团住在结构奇特、摇摇欲坠的宫殿里。当我再次看手表时，我已经获得了三颗星的游戏成绩，而 60 分钟的时间也像变魔术一般，不知怎么就过去了。

除非你从 2010 年开始就住在岩洞之中当与世隔绝的原始人，否则你很有可能知道“愤怒的小鸟”是自 2010 年以来下载量最大的免费游戏之一，在全球范围内有超过 20 亿的下载量。那些在地铁、飞机场、通勤列车上花大把时间玩这款游戏的人，不但可以证明这款游戏的风靡程度，也能证明它会让粉丝们多么专情投入。

后面几年，人们把曾经给予“愤怒的小鸟”这款游戏的激情转移到了同样引发狂热的“糖果粉碎传奇”以及它的仿制品上。我可以确定的是，此刻必定有另一款能同样吸引我们注意力的游戏正在开发过程中。

这些简单但让人爱不释手的游戏到底有什么吸引力呢？为什么那些一向很有责任感的人愿意浪费大把时间去玩这种小鸟撞小

猪或者粉碎糖果的游戏？一个原因就是："愤怒的小鸟"和这些类似的游戏都简单得要命，非常容易学会。尽管这些游戏获得了史无前例的流行，但你可能会注意到，没有人挂牌悬匾号称自己是"愤怒的小鸟"这个游戏的导师（实际上，如果你搜索"学习愤怒的小鸟"，你能找到的是如何创建在线游戏的网页，或者利用"愤怒的小鸟"作为框架，教授其他事情的网页）。我四岁大的孙女都能把这款游戏搞得一清二楚。

正因为你可以进行自学并且很快就能获得一些积极的成果（你可以在几分钟之内就学会杀小猪），这个从头开始学习的过程显得非常短暂而且令人愉悦。事实上，当你准备尝试不同的攻击策略时，也有可能一遍又一遍不得要领，但这并未给你带来任何负面结果。这样的结果，当你拙于做某件事情时，其实是很容易发生的。而在这样的游戏中，没有人能看到你愚笨的样子，没有实质性的后果发生，你只需轻按重置按钮，一切就能变回原样，此前历次屠猪之战中遭遇的失败都能一笔勾销。

学习这款游戏让我们成功绕过了心中固有的"学新阻抗"这一事实，这就解释了为什么会有数以百万计的人们会被吸引到"小鸟"游戏上。但有什么能让我们持续下去呢？

罗切斯特大学的两名研究人员，爱德华·德西（Edward Deci）和理查德·瑞恩（Richard Ryan）在20世纪80年代介绍过他们的关于人类积极性的普遍性理论——“自我决心”。此后，数以百计的研究者和实践者对此进行了探索和再发现。到目前为止，在这方面最著名的就是丹尼尔·平克（Daniel Pink）和他的畅销书《驱动力：我们被何激励的不可思议的真相》（*Drive: The Surprising Truth About What Motivates Us*）。德西和瑞恩发现，无论你的性别、文化层次或年龄如何，对人类行为产生的影响最大、传播范围最广的三个驱动力就是：胜任力、自我决心和关联性。平克把这三项驱动力重新定义为精通、自主权和目的。我们深深地渴望可以自由地（有自主权）把某事做好（精通），这对我们是很有意义的事情（目的）。

我们很难宣称“愤怒的小鸟”提供了多少目的或者深层意义，但这个游戏自然在“自主性”方面会得到高分。而在“精通”方面，它得到的评价还能更高，因为这个游戏可以让你精益求精、永无止境地玩下去。当我在玩这个游戏时（现在仍在玩），我正努力尝试不使用任何特殊工具就获得三颗星的分数，而我丈夫已经达到了专家级水准，如果没有实现用一只小鸟打翻所有猪头的目标，他是不会善罢甘休的。随后，我估计他就会再去努力尝试只用一只小鸟一次打翻所有猪头。周而复始，进无止境。

这样看来，要解释类似“愤怒的小鸟”这样的游戏为何能持续广为流行，我相信这句话可以概括：我们喜欢精通某种事物的感觉。就像德西和瑞恩在三十多年前所发现的那样，对事物达到精通是我们的内在动机。

精于其事让我们感觉良好

在过去的十年间，研究者花费了大量心思，去探索精于某事和个人满意度之间的关系。安德鲁・普日贝尔斯基（Andrew Przybylski）是牛津大学的一位社会学家，为发现是什么因素导致人们对电子游戏和社交媒体如此流连忘返，他进行了广泛的研究。大概在十年前，他与两位同事一起主持了一系列试验，想搞清楚对正在玩电子游戏的人来说，感觉自己很会玩或者说达到精通，能引发什么样的结果。

试验参与者们花 20 分钟时间玩“超级马里奥兄弟”。在游戏之前和之后，都要求他们回答一系列问题，以确定此时他们对自身胜任能力的自我感知水平（精通程度）和自主性水平，并研究在不同精通程度和自主性水平下，他们自身行为会发生哪些变化。

不出所料，普日贝尔斯基和他的合作者们发现，在游戏结束后，那些自我感觉玩得不错，认为自己更接近于精通状态的人，更喜欢继续玩下去。这一点也不令人意外。上面谈到的“自我决心”理论的一个支柱性观点就是：对某件事情达到精通能够使我们受到深层次的激励。通常来说，我们越善于做某事，我们也就越愿意乐此不疲地做下去。

而且，他们还发现，在胜任感和参与者的总体乐观情绪之间存在强烈的相关性。研究者发现，在那些感到自己具有较高胜任力的人身上，“情绪”“活力”“自尊”这几个方面的感觉明显较其他人更高。换句话说；我们不仅为自己掌握了新的技能而高兴，而是我们整个人的感觉都好起来了。

精通与生存

如果将我们人类的发展历史看成是一场比赛，那么在掌握新技能后感到满足就是一种很有意义的反应。想象一个史前原始部落，他们周遭的世界里食物供应不稳定，经常面临极端性的气候变化，还有大型食肉动物时常出没，此时生存就是一场战斗。那些学会了最关键的技能——取火，能够避免被食肉动物吃掉，能够寻找到食物，并能在这一过程中保护好自己的长辈，才更有可能生存和繁衍下去。这说明人类追求精通的冲动不只是在现代世界中为了"自我感觉良好"而进行的一种创新，这是人类生存的本能。换句话说，追求精通的意愿在人类身上已经孕育了几千年。综观历史，总是那些对必备的生存技能掌握最纯熟的人设法存活了下来，而且这些先人也把追求精通的精神特质世世代代传了下来。

就像我们做其他生存所需的事情一样：吃饭、睡觉、保暖、生育，精通让我们感觉很棒。一般来说，那些对人类生存下去最关键的事情，也总是对我们最具吸引力的事情。所以不必惊讶为什么精于做事能让人感觉如此之好。

我经常能在我们所培训的专业人士人员身上，看到这种追求精通的动机所具有的强大力量。每年两到三次，我和我的两位普林多斯同事都会共同主办一期为时一周的管理和领导力发展培训班，一共招收 60 名学员，她们都是来自于电缆工业的高潜力的中层女性管理者。平心而论，这些课程对于她们来讲是有些折磨人的。她们需要连续五天，每天花上八九个小时去学习管理和领导他人的技能。她们会收到很多反馈，这可不全是正面的。她们的大部分时间会花在学习和实践那些感到陌生的新技能上，或者需要大力提高完善的技能上。这里的所有事情都是在实际演练从差开始。然而，在每个学期结束时，虽然绝大部分学员看起来都有些疲倦，但对自己在管理和领导方面达到的新的精通程度，她们还是会感到无比欢乐、自豪，对回到工作岗位上将这些新学的技能应用到实际工作中感到非常兴奋。

在人类历史的这个特殊时刻，考虑到我们每个人都成为世界一流的、持续的精于其事者是如此重要，我们所有人应该为自己仍然保有这种强烈的追求精通的精神而感到幸运。这对我们畏拒、抵触从差开始的心理是个很好的平衡。在第 4 章中我们会讨论如何最大化利用这种追求精通的精神。

另一个幸运的突破

我们乐于追求精通，还随之得到了另外一份好运气，我们终其一生都能够不断地学会、掌握新的知识和技能。

这听起来好像是很明显的道理，但直到不久之前，许多科学家都还不承认这个事实。他们认为人过了儿童时代早期之后，学习能力就会直线下降。按照这个理论，一旦你成年了，学习新东西就会更加困难。这一理论不仅仅在实验室里流传，在社会上，我们也都倾向于相信“你不可能教会一只老狗新的花招”。于是我们就认为，作为成年人，学习新技能会越来越难，对新方法也会越来越不愿意接纳。

举个例子，你是否听说过这样一个理论，有人用它来作为绝大多数成年人在学习第二种语言时会遇到困难的解释之词：作为成年人，我们的大脑不再像儿童时代那样具有“可塑性”了。（我相信这实际就是一个不愿意再次从差开始的问题，我们稍后再深入讨论。）你也可以看到这个理念反映在媒体关于老年人取得成就的报道上。当超过 60 岁的人在任何一个知识领域上有所突破或熟练掌握了一门新的专业知识和技能，关于此人成就的报道，就倾向于不关注他学习过程的闪光点或者成功本身，而是把重点放在对人在如此高龄也可以学习并取得如此突出成就的赞叹上。

认为我们的学习能力会一直单边下降的观点基于三个假设，这些假设被神经学家和脑力研究者广泛认同。甚至直到不久之前，这些科学家们还以为，每个小宝宝在他出生的时候就拥有了所有的脑细胞。他们进一步相信这些脑细胞马上就会开始逐渐死亡（随着年龄的增长这个过程会持续进行）。到最后，那些剩下的脑细胞被认为已经失去了“可塑性”，也就是在应对新的经验时改变结构和功能的能力退化了。

这些假设暗示着人从出生的那一刻开始，学习新东西就会变得越来越难，而且我们对此还束手无策。如果这些理论都是真实的话，我们用什么办法才有可能实现成为优秀的学习者这一新世纪的迫切要求呢？

我们所有人都该感到庆幸的是，事实证明，这三个假设都是极其错误的。（这要感谢今天科学领域持续的知识爆炸所带来的福祉。）虽然当我们出生之后，脑细胞就开始逐步死亡这个观点是正确的，但是在我们一生当中，脑细胞也在不断新生。这些新生的脑细胞其实和我们一出生时拥有的那些细胞一样功能强大，当年正是靠着那些细胞“前辈”，我们才学会了走路和说话。就像分子生物学家和脑科学家约翰·梅迪纳（John Medina）在他的《大脑规则》（*Brain Rules*）一书中所描述的：“研究者已经向我们展示，成年人大脑的某些区域仍然保持着像新生儿大脑一样的可塑性，所以我们的大脑可以长出新的‘链接’，并加强已有的‘链接’，甚至可以创造出新的神经元，让我们都可以成为终生学习者。成年人的大脑在某些通常与学习相关的区域持续创造出新的神经元，这些新的神经元显示出与新生儿大脑一样的可塑性”。

换句话说，直到我们死亡之前，我们都可以保持学习能力，并且可以学得很好。这就意味着我们不应在 80 岁的时候，出于神经系统上的原因而不去玩“数独”游戏，也不应该在 50 岁的时候，出于同样的原因而不去学习一门新的语言。同样，我们也没有理由在 60 岁时或 90 岁时，感到难以像在 20 岁或 30 岁时那样熟练地使用社交媒体或者养花种草、经营企业。

我曾经辅导过一名 70 多岁的 CEO，他就是一个很好的例子。几年前，他的公司需要一名新的市场方面的领导人，所以他开始四处寻找首席市场官。当他和我谈了此事以后，我可以说，他对首席市场官能干什么和应该干什么的理解是非常有限的。前任市场经理在这儿已经干了许多年，但是满足于承担一些小的、战术性的营销任务，比如：响应有关请求设计一些口号和广告，按照不同的具体用途调整公司的商标标识，为大会设计制作纪念品等。我的客户从来没有见过这样的战略性市场人员，他们能成为促进品牌思考的催化剂，能以破竹之势把品牌传播到不同的受众群体中。

当我建议他花点时间去和一名“当代的首席市场官”谈一谈，以便对他们有可能带来哪些新的可能性先有点感觉时，他没有拒绝。他觉得很好奇（这是学习的另一个关键的要素，我们会在第 6 章详细讨论）。我为他联系了一名首席市场官，我知道他是个热情又有口才的人，能够耐心地向我的客户介绍市场营销方面的新知识。他们进行了长时间的、深入的交谈。我的朋友也向他提供了一些有用的人才和资源的信息。经过一个月的探索研究，在月底时，我的客户终于对一个好的市场官能够给他和他的组织带来的益处有了全新的认识。他重新编写了岗位职责描述，调整了寻才的方向，最终找到了一名非常卓越的首席市场官，现在他正帮助公司更有效地认识和推广公司的品牌。我非常自信地认为，这位 CEO 会继续用好自己的脑力资源和内驱力去精于其事，会活到老学到老成长到老（这会是一段漫长的时间之旅，在几周前的一次交谈中，他告诉我：“当从头再来的时候，我感觉我也就是 29 岁”）。

问题在哪里？

新的研究证实我们有持续学习一生的能力，这是个好消息。在当今的历史关头，我们要抱着对学习的紧迫感日日勤学不辍。终其一生，我们要始终保持对新的运作方法和思考方法的胜任力。让我们倍感庆幸的是，首先我们的头脑一生都在生长并生成新的“连接”，因而我们具备相应的智力条件；其次，这种做法对我们有着深深的吸引力，因为精于其事正是我们强烈的本能。

当然我们也不是万事大吉了，在第 1 章中我们讨论过的一个问题就是一大困扰。我们由于太喜欢精于其事的感觉，因而会对拙于其事的现实讳疾忌医。这种对精于其事的着迷和对内行身份的看重，会严重阻碍我们打开心扉迎接新的学习挑战。

如果不以开放的心态进行新的必要的学习，可能会严重削弱我们在当今世界获得成功的能力。我有一个朋友也是我的客户，是我所知道的最好的媒体营销主管之一。他在如何构思并进行推广品牌上有着超出常人的天赋。他知道如何通过引人注目的方式向品牌的消费者和潜在消费者进行宣传。在过去三十年的职业生涯中，他取得了骄人业绩，对自己的本职业务工作越来越炉火纯青。同时他也是一名天才演说家，所以经常被邀请在各种会议上就他专精领域的内容进行演讲交流。他和观众们分享他是如何抓住消费者心理的，是如何让自己打造的品牌以与消费者心理同频共振的方式进行传播的。

去年有一次我和他聊天，他告诉我，自己其实对这种打开市场的方法非常看不上，这种方法既对他的成功很重要，但又让他自己都难以接受。他继续说，自己对市场营销这一领域近几年间出现的更加依赖于数据支持的趋势很抗拒，对收集、研究大量复杂的消费者和他们消费习惯、偏好等信息的做法也不感冒，还是不管不顾地继续热衷于研究曾经让他和像他这样的“老人”们赖以成功的消费者的心理本能问题，并以此来把握市场趋势。直到最近，当人们开始和他讨论“大数据”在市场分析上日益增长的重要性时，他还是不以为然。他的反应是，虽然大数据可能在高端商品市场、一次性销售以及像汽车和公寓这样高度商品化的产品上有应用的必要，但是在电视节目策划编排上就难以实际应用了。

但他说，现在自己已经开放心态接受这个事实了，以前是因为过去的经验而导致了闭目塞听（他自己的表述）。他对自己营销大师级的地位感觉非常受用，所以他排斥以数据为基础的市场分析，因为这就意味着他又需要从头开始学习新的方法。现在他已经开始深入探索如何重新建构自己的新的专业能力，探索如何重整汰换自己原有的知识和技能。但我的朋友是一个非常有自知之明和开放心态的人。我估计别的拥有他这样专业地位的专家，可能会更顽固地抱着过时的专业经验不放，这不但会对他们当前的工作造成损失，而且也会贻误他们自己的职业荣景。

在历史的长河中，充斥着大量这样抱残守缺的案例。旧的专业知识包袱成了阻挡他们进行新的学习的障碍，从天主教教堂斥责伽利略的日心说（太阳是太阳系的中心），到 19 世纪的医生嘲笑不洗手会引起分娩期产妇发烧的判断，再到计算机行业的一名企业总裁肯·奥尔森（Ken Olson）在 1977 年令人喷饭的断言：“根本没有理由，让每个家庭都拥有个人电脑”。

从老手到菜鸟——周而复始

现在你应该已经把问题认识清楚了。我们是享受精于其事、成为行家里手的感觉，并且我们始终有能力圆梦，不管现在是 1 岁还是 100 岁。但是当我们已经成为某方面的专家后，再退回去像一个笨拙的菜鸟一样从头再来，我们真是心不甘情不愿。我们当然还是更愿意守在自己已经得心应手的领域，维持和改善下去。

但就像我的市场主管朋友所认识到的那样，这样做是行不通的。不管你现在在某方面有多擅长，如果你在工作中墨守本领域五年前的专业技能，甚至五分钟前的技能，你就有可能落伍。

我们每个人都应该有意愿、有能力一次次从头再来，甘于或者至少是安于再次成为新手。

这种状态是有可能达到的，有许多人正对此身体力行。比如诺曼·李尔（Norman Lear），历经 70 年岁月，他始终是一个了不起的学习者和对新事物的探索者。我非常荣幸能先后在诺曼的两家单位与其一起工作，一家是“第三幕通信公司”，另一家是政治组织名叫“美国式公民”，后者是他在 20 世纪 80 年代早期发起的一个主张公民自由权利的机构。

诺曼的第一份职业是在公共关系领域，开始于第二次世界大战之后。但是仅仅工作了几年之后，他就随着家庭搬到加利福尼亚，并在那里发现了电视新媒体的机会。在全职担任电视节目撰稿人的几年中，他写下了在电视业历史上许多广为人知，同时也广受好评的喜剧作品。其中包括《全家福》（*All in the Family*）、《桑福德和儿子》（*Sanford and Son*）、《莫德》（*Maude*）以及《杰弗逊一家》（*The Jeffersons*）。20 世纪 60 年代后期，李尔开启了他自己所说的媒体职业生涯的“第二篇章”：出品和导演电影。事实上，在 1974 年，他和他的合作伙伴创办了一家名为“T.A.T 通信”的制作公司。“T.A.T”是意第绪语“Tuchus Affen Tisch”的缩写，大概的意思是“一屁股坐在悬崖边吧”。他们一次又一次地这么做，对那些激起过全世界观众共鸣的老影片在拍摄手法上进行推陈出新，尝试新的类型和新的创作思路。比如，罗伯·莱纳（Rob Reiner）

的导演之路就是归功于李尔，李尔出资制作罗伯·莱纳的关于摇滚乐的“仿纪录片”《摇滚万岁》。莱纳和他的同人找不到一个能够理解他们想拍什么样的影片的人，直到李尔出现，才柳暗花明。他在很多年之后告诉我：“没有人真正懂得他们要做什么，我当然也不知道，但是当时看起来这是个非常精彩的想法。”

之后，在 1986 年，李尔创建了“第三幕通信公司”。他把它称为自己职业生涯的“第三篇章”，他想将不同的媒体类型组合在一起进行探索性实验，看看从这种组合中会出现什么样的效果。到现在为止，这些媒体形式已经包括“第三幕”剧场、广播剧、出版物，以及协和音乐集团（Concord Music Group）和澳大利亚威秀集团（Village Roadshow Pictures）。

除了在电视剧和电影领域有了新的建树之外，李尔在逾六十年的岁月里，还支持过美国宪法第一修正案和许多追求自由的政治活动。在此过程中，他可谓誉满天下也谤满天下，既上了美国前总统理查德·尼克松的“黑名单”，也获得了 1999 年国家艺术奖章。

李尔于 2014 年 10 月，他自己 92 岁时，出版了自传《这竟然是我的经历》（*Even This I Get to Experience*）。他在书中写道：“在我九十多年的生命中，我经历了不同的生活。”根据我与他一起工作的感受和对他言谈的理解，他总是怀着快乐和兴奋之情，走进这些丰富多彩的生活主题，全然没有表现出我们绝大多数人在走出自己的知识技能舒适区时内心所怀的畏难和抗拒交织的心情。

像诺曼·李尔这样的人，都是“学习大师”。他们总能想出应对每个学习挑战的办法，将之前的专业经验放在一边，愿意也能够去尝试新鲜事物，重新开始学习之旅。多年来，通过研究、学习李尔和其他数以千计的客户和同事，我认识到了如何才能不断克服我们自身对学习新事物所怀的畏难、抗拒情绪，充分激发我们内心的进步渴望。

像李尔那样的人他们已经破解了学习的密码，现在我也想帮助你像他们一样破解这些密码。现在你我将启程去探索通往精通的一条简单易行的道路，我称它为 ANEW。

CHAPTER 03

破解学习密码：从米开朗基罗到 ANEW 模型

让我们从观察一位世界历史上最有技巧的“学习大师”开始，让时间倒流到 1507 年那时候的罗马城。

米开朗基罗再也不能推迟这项工作了。两年来，他一直在逃避教皇尤利乌斯二世（Pope Julius II）让他为西斯廷教堂屋顶绘制壁画的要求。而逃避成功的原因也仅仅是因为教皇的大部分精力都在制衡欧洲的新兴国家这件微妙又深远的事情上。这期间，一身轻松的米开朗基罗一边为那些干起来更舒服的工作奔忙，一边给教皇发去流水般的信件，向教皇解释为何当下还不是启动西斯廷教堂屋顶绘画工作的好时机。但现在，教皇已经取得对法之战的决定性胜利，凯旋回到罗马城了。在他持续数天的胜利返城仪式结束后，尤利乌斯约见了米开朗基罗，要求他马上开始屋顶的绘画工作。

为了拒绝教皇的工作任务，米开朗基罗用遍了各种理由。他先是说，他认为他自己的专长是雕刻。自己是雕刻家而不是画家，并不想花几年的时间在这个浩大的工程上。更重要的是他觉得自己并不是最能胜任该项工作的人选。再者，他也不喜欢教皇对天花板的设计方案（但这件事很难向教皇启齿）。最后，他明白要是接了这项任务，那他非得难受、辛苦上好几年。

但是在他意识到已经难以回绝教皇的“请求”时，米开朗基罗开始在心里盘算如何才能把这项工作做到最好。他先与教皇交涉并得到了对方的同意，会重做一个比教皇原先所设想的方案更繁复和豪华的方案。接下来，他开始全神贯注地解决任务中的一些纯技术难题：如何改进壁画绘制技术（在潮湿的石膏上涂上各种颜色），使之适应在离地 70 英尺的巨大空间（133 英尺长，46 英尺宽）内绘制的需要。

当米开朗基罗得到许可的时候，用他的话说，采用自己的设计感觉就像“做自己喜欢做的事情”，并且他想出了一些可行的解决方案来解决工程中出现的技术难题。他的态度与此前相比，发生了巨大的变化。他告诉朋友们自己已经等不及了，想立刻就投入工作中去。1508 年的 5 月，这位 33 岁的艺术家与罗马教廷梵蒂冈签订了工作合同，开启了在西方历史上被认为是最伟大的单体艺术项目的工程。

因为米开朗基罗从未以成熟艺术家的身份绘制过壁画，仅仅是在他的导师基尔兰达约（Ghirlandaio）的工作室里当过学徒，所以他聘请了有经验的助手，这些助手很多来自他的导师那里，他们都在壁画方面有丰富的经验。他们帮助他想出适应在巨大的天花板上作业，以及在拱形面上绘画的技术。

但是当需要设计制作一种结构工作台，以便他和助手们可在其上工作时，还是需要米开朗基罗发挥自己的聪明才智。他意识到如果从地面搭建脚手架到屋顶，不仅耗资十分巨大，而且还很可能不太牢固，会有安全隐患。他开始思考有没有其他相对牢靠并且安全的方法把团队工作人员送到天花板附近。在好奇心的引导下，他最终设计了一款创新型的脚手架结构，这是一个可移动的平台，他们将支架插入到事前在墙上打好的洞中，在工作完成后这些小洞会被重新填上，以恢复墙体原状。

这项工作最开始进展缓慢，一方面是因为米开朗基罗对壁画的绘制手法较为生疏，另一方面是因为巨大、复杂的表面结构引起很多特殊问题。举例说明，他发现在整个工程期间有 1/3 的时间，大面积的墙壁表面在绘画时需要保持足够湿润的状态，这就意味着石膏变干之前就会因长时间潮湿而发霉，他曾经亲手拆掉了大面积的霉变画作。因此他要求助手之一雅格布 · 托尼（JacopoTorni）拿出解决方案。这名助手也被叫做爱达荷（L'Idaco），是一名经验丰富的壁画家。他设计出了一种抗霉菌性能更强的石膏配方，在后面的工作上米开朗基罗使用的都是这种配方（事实上，这种配方最后成了意大利壁画用石膏的标准配方）。

完成这项浩大的工程，他们足足花了四年的时间。工作完成后，米开朗基罗觉得自己已完全是一个熟练的壁画家了。然而，他写道："如果人们知道我在精通壁画艺术的过程中，干得有多辛苦，他们就会觉得这一切并不像看起来那么轻松、好玩了。"米开朗基罗的惊世之作包括343座人物画像，绝大部分是等身制作，描述了《圣经》中的整个创世纪的故事。作品当中包括所有预测了耶稣降临的先知们，还有耶稣族谱内的祖先和大大小小的类似天使的人物。五百年之后，每年有超过500万游客到访此地，来瞻仰这项由个人主导的艺术奇迹。而米开朗基罗在开始之前对这项工程曾经百般回避推脱，他告诉教皇"壁画不是我的强项，我不会成功的"。

这和我们有什么关系?

在我剖析米开朗基罗的学习方法之前，让我先解答一个我估计你到现在还有点困惑的问题。你可能想知道我为什么会选择已经去世四百多年的米开朗基罗作为例子，来说明我们要在21世纪取得成功，所必需的学习技能。我是这样看问题的，米开朗基罗在西斯廷教堂屋顶做壁画时所遇到的挑战与我们每个人日常遇到的挑战是相似的。那就是：我怎样才能快速学会做好新的事情，特别是在一些我以前从没有涉足的、甚至都不知道该怎样去学习的新领域中。

显然，米开朗基罗就是那种强大的学习者，我们要在今天的世界取得成功，就要成为他这样的人。事实上，在他的一生中，他喜欢用这样的话来回应众人对其艺术成就所做的赞誉，“又一次现学现卖”，“我一直还在学习”。他在西斯廷教堂屋顶的绘画经历给我们提供了一个完美的案例，说明心智技巧正是这种高回报学习的关键所在。

因为我现在所做的大部分工作都可以归结为对人们在学习新的技巧和能力时给予支持，不管是通过管理教练、领导力设计、管理培训还是编撰商业类书籍等。在过去三十年间，我想了很多办法，主要就是关注如何学习以及我们在学习中会遇到哪些障碍。在此过程中，我注意到了历史长河中的某些人物，像米开朗基罗、达·芬奇、伽利略、克里斯蒂娜·德·皮桑、阿尔伯特·爱因斯坦、乔治·华盛顿·卡佛、玛丽·居里夫人、史蒂夫·乔布斯以及诺曼·李尔等，他们都非常擅长学习新知识，并将学习到的新知识应用到开辟新的领域，为自己和别人赢得成功。我曾经对他们每个人是如何学习的进行了思考（以我所知道和我能找到的有关信息的程度）。我也观察了数以百计的教练人员和数以千计的培训学员，在他们身上观察到，他们的行动中，哪些促进了他们的学习提高，哪些阻碍了他们取得进步。

因此，在几年前，我写了一本叫做《这样的领导众人追随》（*Leading So People Will Follow*）的书。我在这本书中讨论了，当人们愿意全身心追随一个领导之前，他们需要在领导身上看到什么样的核心特质，以及领导者怎样做才能培养出这些特质。这本书印刷出版之后，我接受了大量访谈，其中有一个问题采访者总会问到，“你觉得一个优秀的领导是天生的还是后天锻炼出来的？”我能断言，其实大多数的采访者内心已经有了问题的答案：他们相信优秀的领导能力是与生俱来的。我发现大多数人都是这样认为的，他们觉得这就像生下来是蓝眼睛或棕眼睛一样，我们对此无能为力。

对此，我通常都这样回应：我认为这种与生俱来的领导力的存在就像一条钟形曲线，有些人在曲线的顶端，不论是什么原因造成的，这种人简直就是天生的有技巧的领导者；处于曲线底部的人在团队管理方面的能力天生就比较弱，他们一般也会找那种不需要领导他人的工作。紧接着我会说，我们绝大多数人都处在辽阔的中间地带，天生的领导能力就在相对较高和相对较低的范围内波动。幸运的是，在位于钟形曲线中间地带的这一大部分人中，有 70%到 80%的人，是可以改善进步的。

通常采访者接下来可能会问的是，“这样说来，怎么做才能提升成为领导者呢？”在该书中，我对如何构建书中概括出的六种领导特质，提供了许多方法。但是在几乎所有访谈中回答这个问题时，我都不会那么轻言臆断，我注意到，自己会在脑海里对这个四个技巧反复参详。这四种关于学习的心智技巧，我是通过对这些年来辅导和培训过的学员进行观察而得到的，也在自己身上实践、验证过了。

当我发现自己的感受和这四项心智技能非常吻合时，我开始变得兴奋起来，这四项心智技能都很直观明确，易于复制。我开始认识到，我这是幸运地发现了一个可以对人的学习能力进行“涡轮增压”的模型啊！对所有想掌握新能力、新知识的人，不论在哪个领域，这都是大有裨益的方法，而不仅仅局限在领导力培养上。

正因为其实我已经认识到，掌握新知识、新技巧的能力是当代人必须具备的关键能力（其中的原因我已经在前面的章节中说了许多），所以，我想自己的这个偶然发现对世人是很重要的。

我把这四个能够帮助我们实现精于其事的心智技能归纳出来，并按照自己的理解对其进行命名（ANEW）：

A：理想（Aspiration）

N：中立客观的自我评价（Neutral self-awareness）

E：永无止境的好奇心（Endless curiosity）

W：愿意从差开始（Willingness to be bad first）

我首先把这四项心智技能整合到我的辅导实践中和我自己公司的领导力和管理培训中。这四项要素在我们的客户中引起了强烈共鸣，通过运用这些技巧，他们又快又好地提高了自己获取新知识和新技巧的能力。

事情发展至此，我决定找一个研究人员合作，看看我的这些假设能否经得起神经学、物理学和社会学实践的检验。结果令我更加兴奋，我和助手莫里西发现，我提出的模型以及在辅导和培训实践中对其加以应用所获得的经验，与神经学、物理学和社会学的相关理论完全吻合。正是出于分享这个模型和让更多的读者都能从模型应用中广泛受益的想法，我萌生了写作本书的念头。

回到米开朗基罗以及我们自身

大家对这个要素的含义有了初步了解之后，还是让我们回到米开朗基罗在西斯廷教堂屋顶绘画这个例子。首先，我简略地解释一下 ANEW 模型的四个要素——A：理想；N：中立客观的自我评价；E：永无止境的好奇心；W：愿意从差开始。随后，我会描述米开朗基罗是如何利用这四项心智技能，在他的新领域努力学习，并且达到世界级的精深水准的。

理想

简而言之，理想就是希望拥有你现在还没有拥有的东西。那些伟大的学者们能够发现进而确立自己的理想，并为实现理想而如饥似渴地学习。为了理解理想的重要性，我们首先必须承认一个关于人类的基本事实：我们只做那些我们愿意做的事情。这是一个很难接受的说法，因为我们时不时地都喜欢说（并且相信）我们真是想做一些事情，可就是抽不出时间。让我们说得更准确一些：如果你说想去做某件事情，而实际又没有去做，这就意味着你其实根本不想做，至少是不愿意付出相应的努力。

这不是简单的咬文嚼字。我们经常被自己的言行搞得真假莫辨，因为我们总喜欢自欺欺人，把自己实际上根本就不想学的真相伪造成想学习而不得。例如，我注意到，我辅导的客户们经常会向我倾诉，他们真地想精于某事，在比如“授权”或财务管理这些事上做得更好一些，但是却并没有努力改进。当我指出他们看起来不是真的想要改变，因为看不到他们有实际改进的动作时，他们的反应通常是这样的：“哦，不是的，我是真想，只是……”在学习一项新的知识或者技能时，你必须诚实地面对自己内心最初的渴望程度，这一点很关键，这样你就会知道为了获得成功你需要做哪些事。关于渴望精于某事的话题，我会在下一章做更多的分享，但是现在，我更想让你跟着我的思路走：假设你正在思考自己究竟是想学习新的知识、技能还是不想学的问题——你花了一段时间考虑但却一直没有实际付诸行动，那就说明你的心情并不迫切，你还缺乏足够的学习热望。

好消息是内心的理想也不是一个一成不变的东西，是可以被激发出来的，你可以让你自己变得很想去做某些事情，包括想去学习新的知识和技能。这对于大多数人是一个惊喜，我们误认为我们要么想做某些事情，要么不想做，自己几乎无力改变这一现实。可是如果仔细想想，你就会发现两者之间是可以进行切换的，从不想做一件事情到想去做，这种悄然转换可能在你和周围的人尚未意识到时，就已经完成了。最近，我们普林多斯公司的一名管理团队成员自愿承担一个新的项目，但是该项目中的一部分工作确实是她不爱做的，那就是给一家做社交媒体聊天平台的集团策划选题。她问是否能请个咨询顾问来做这件事情，并将策划好的方案直接“喂”给她。我们同意了。然而在和一位以前在这家集团从事过管理工作的人讨论之后，她获取了很多的信息，她的想法改变了，变得非常想自己来策划这些选题。我们都很高兴，她全身心地投入其中，并且工作完成得非常出色。这次工作任务或目标几乎没有发生任何变化，唯一变化的就是她的心态，她从“不想做”转换到“想做”，她心中的理想被激发出来。

在下一章我们会深入讨论：是什么让我们想去做或者不想去做一些事情，以及当面对需要学习新的东西时，如何调整自己的心态让你渴望的引擎更猛烈地轰鸣起来。让你自己变得雄心勃勃的秘密就在于想清楚掌握这些新技能对你个人而言意味着多大的益处，随后，可以预想获得这些益处之后你的未来将会有怎样的改变。

米开朗基罗和他的理想

让我们来看看米开朗基罗是怎样激发他内心的理想去完成西斯廷教堂天花板绘画这一工程的。在长达两年的时间里，他都拒绝谈论这个项目，因为他根本不想去做这件事情。他的渴望程度接近于零。他不认为自己是个画家，他之前从未画过壁画，他更愿意把雕塑作为自己的艺术手段。但是一旦发现自己根本没得选择，米开朗基罗就开始潜心思考完成这个项目可能给自己带来的益处，以及这些益处的重要价值，他发现自己慢慢产生了接手这项工程的内在积极性。

比如，他跟教皇讨价还价，就是为了保证能在项目中展现自己独特的设计匠心。米开朗基罗爱好设计，并且他很为能以自己的想法讲述如此复杂而有意义的宗教故事感到兴奋。他曾经这样谈论设计："设计中蕴含的科学原理……是绘画、雕刻、建筑等艺术形式的本源和核心，……有时候……我感到……所有人用大脑和双手创造出来的作品要么是设计本身，要么是设计艺术的分支。"照此而言，你想想为西斯廷教堂的天花板亲手拿出自己的设计方案，这该是多么强大的激励力量。

他也在实施这个项目的过程中获得了解决一系列有趣的技术问题的机会，其中有些问题是他热盼自己能够解决的。他认为自己是雕塑家，同时也是名工程师，他很感兴趣能利用参与项目的机会，想出新的办法来解决一些工程方面的重要课题。

最后，他预想到借此可以收获一个对他有诸多好处的光明未来，包括他会成功地完成他自己的伟大设计，克服在复杂和独特空间中作业所包含的工程和技术方面的挑战。就像他在成功说服教皇容许他按自己的想法设计项目后，写给朋友的短信中所说的那样，“现在我对这项美妙的工程很满意，因为在我手中，它将会成为它应该成为的样子以及必然成为的样子”。当发现这个项目能给他个人带来有意义的诸多好处，并预想这些诸多好处会在不久的未来得以实现，米开朗基罗充分地激发了他内心的渴望。

中立客观的自我评价

当善于学习者开始新的学习历程时，他们能准确地判断自己目前的状况。他们首先会以客观、冷静的态度对自身状况，尤其是自己的长处和短处进行评判。这就是我们所说的，中立客观的自我评价。换句话说，如果一位优秀的学习者在某一方面不太在行，他们会认识并承认这一点，也会承认技能匮乏时自己内心的真实感受（感觉难堪、有挫败感等），而不是主观臆断、将弱点合理化或者视而不见。他们同样也很清楚自己所擅长的领域在哪里，而且能十分准确地知道相对于其他人或需求的技能来讲，他们自己在行或不在行的程度有多深。简而言之，我们也将杰出的学者称为“公正的见证者”。（关于这一点我会在第五章详细解释，它的基本含义就是那些伟大学者能够准确且客观地看待他们自己。）

养成客观地评价自己的习惯是开启学习的关键，因为你如果不这样做，几乎就不可能搞明白哪些是你需要学习的或者学习这些东西对你会有怎样的要求。让我们来举例说明一下，比如我认为自己是一个了不起的团队管理者而实际上我并不是。那么当有学习团队管理的机会摆在我面前的时候，我可能就不会善加利用（比如，有家大学说给我入学优惠，或者经理告诉我，公司愿意支付一笔费用让我去参加管理技能培训项目），因为我觉得我不需要这样的机会。最近我们普林多斯公司的一名咨询顾问在辅导一个学员。当这名学员被要求说出他自己作为一名团队领导者的关键优势时，他说他很公平、愿意支持他人、思路清晰。但是很巧的是，那些与他一起合作过的同事却把这些品质列进了他的弱势技能清单中，他们认为他只做自己喜好的事情，比较消极，并且也不能清晰地表达到底需要同事们怎样和他配合。这是一次艰难的辅导过程，教练首先要花大量时间帮助他更加准确地分析自己，然后才谈得上和他一起探求如何在这些弱势技能领域进行改进。

与以上情况相反的是，当某人非常清楚地知道应该从哪里开始学习时，学习的过程可以马上开始。我最近刚刚开始辅导的一名学员，同事对她的反馈都非常糟糕。虽然她有着非常聪明的头脑和丰富的职业经验，但其他同事认为她很难共事。爱挑剔、不耐烦、对别人的观点不屑一顾，而且当发现本来授权别人去做的工作，工作方法和进展情况不合自己心意时，往往直接收回来自己干。我担心的是她如何能做到虚心接受这些刺耳的反馈。我想，如果她不太善于进行客观的自我评价，这将会是一个很难接受的过程。然而出乎意料的是，当我问她对自己的评估时，她所描述的居然与别人对她的评价惊人一致。所以当我与她沟通分享她的同行、老板以及直线领导对她的反馈汇总报告时，她只是淡定地点点头说："是的，这与我想的很像，基本差不多。这很令人难堪，但是为什么我还会继续在这里工作呢？因为我想的是，我应该怎么做才能弥补这些缺憾。"客户能有高水平的客观的自我评价是咨询教练梦寐以求的事情，因为这意味着可以直接开始进行他们所迫切需要的学习。

那么是什么因素阻碍了我们获得准确的自我认知呢？关于这个话题，我们会在第五章进行更详细深入的讨论。但在这里，我们可以把主要问题挑明，那就是，我们在和自己的内心进行关于自我认知的对话时，采用了不够准确又不够有益的方法。我们称这种内心独白为"自我对话"，这是我们看清自我的关键路径。如果大脑里面的声音告诉我们："我是个了不起的管理者，但是我周边的人不这样认为，可他们又懂什么呢？他们都是些初级人员，他们的期望根本不着边际！"如果这样想的话，我们就不太可能敞开心扉去思考如何更好地改善自己的管理能力。但相反的思考方式同样是不准确的和无助益的，那就是你的内心独白就是翻来覆去地强调“我是个糟糕的管理者，我永远也不会擅长管理了”。这同样不太可能让你敞开心扉去学习新的东西。

一个非常幸运的消息是你能够管理好自己，你完全能够学会正确的“自我对话”方式，让你能清晰地观察自己，这样就能调整好自己的姿态，努力成为一个能够取得丰厚回报的学习者。

在第 5 章里面，我们会提供给你一个简单而又实际的过程让你改变自我对话的方式。这样你就可以更加准确地了解自己的优势和劣势，特别是相对于准备学习的新的技能和知识，这些长处和短处的实际状况如何。我们也会讨论你的“信息来源”，也就是那些很清楚地了解你，而且能够诚实地表达对你的看法的人。一旦你的“自我对话”能够调换到一种非常“中立”的状态，你就会发现，生活中拥有这样的诤友（“信息来源”），对你是巨大的有利条件。他们准确而富有支持性的第三方反馈是你学习过程中无比珍贵的财富。

米开朗基罗与中立客观的自我评价

当米开朗基罗发现了自己的渴望并开始信心百倍地向前进发后，他非常客观地评估了自己完成这个项目的优势和劣势。也就是说，他对自己所具备的和不具备的能力和经验进行了盘点，这对于完成屋顶绘画这个项目都是必需的。哪些事他懂也知道如何去做，哪些事他根本不懂，更别说如何去做了。作为客观进行自身评估后的选择，他聘请了助手，这些助手们在绘画领域拥有他恰好缺少的实践经验。他也写信给很多同行，征询壁画绘制的技巧，尤其是在他没有丝毫经验的大面积绘画方面的经验和建议。当然，他也意识到自己必须充分利用作为雕刻家和解剖学者的知识储备，以便能把壁画中的上百个人物都绘制得栩栩如生。在绘画当中，他还结合了自己作为建筑师的专业技能，思考如何利用好这巨大的空间，处理好空间中的各种角度和平面的关系。

作为一个在众多领域内都拥有不可思议的纯熟技艺的人，米开朗基罗也非常愿意客观地正视那些自己尚缺乏技能和专业知识的领域，坦率承认自己在此过程中经受到的挫败和沮丧。作为一个“公正的见证者”，他怀着对前景切合实际的期待，在众人不可或缺的支持之下，开始了西斯廷教堂屋顶的绘制工程。

永无止境的好奇心

好奇心是推动我们去探索和解释、去理解和精通的强大力量。从孩提时代起，我们就拥有了强烈的好奇心。杰出的学习者要么从未丢失过这份源自童年的驱动力，要么就是找到了在成年之后重新点燃激情的方法。在学习的过程中保持好奇心是有必要的，因为好奇心一旦与内心的理想结合起来，就会产生源源不断地去探索发现的动能。如果你曾经为了解决问题，而熬夜读书寻找答案；如果你对别人提问时总是打破砂锅问到底而不是礼貌地浅尝辄止，因为你确实想搞明白某个问题；这就是好奇心在起作用。

好奇心是学习的引擎，从刚出生时那个可爱的小不点到羽翼渐丰，到能走能跑、会吃会说、会开玩笑、会操纵物件（包括父母）、会推测原委、能做出结论，一直到可以走进学校大门的孩童，它一直引导、推动着我们。

坏消息是，一旦我们经过了儿童时代进入青春期，这些精彩的好奇心就会开始慢慢被社会同化而远离我们。我们从“哦，那东西是怎么回事？”到“哦，我都知道了”。对世界表示倦怠、无感变成了更酷、更被社会认同的现象，而坦率承认无知和想要更多地去理解事物反而显得有些遗世而独立。对于大多数人来说，在我们成年后，这种漠然无趣的社会规范变得更加强大。比如，我通过多年观察发现，阻碍新任经理们取得更大成功的最大障碍之一就是，他们通常会遇到以下职场思维定式——大家认为他们应该知道所有问题的答案。他们相信，如果暴露了自己在某方面知识的匮乏或者对一些他们的下属知道答案的问题表现出好奇，那就会让他们看起来像孱弱、笨拙、不老练的孩童。

可是，历史上每一位世界一流的学习者，从米开朗基罗到诺曼·李尔，都有着广泛的好奇心，这是他们探索新事物和陌生道路的核心动力。

你可能想知道好奇心和理想（内心渴望）到底有什么区别。理想提供长期的内在积极性，而好奇心通常指的是时不时地灵光乍现。理想让你启程，催促你进入一个新的领域，你相信当你能够精通这一领域时，一定会获得许多现实的、意义深远的收益。而好奇心则是能让你夜以继日、坚持不懈的事情，是属于微观级的。它就像你身上有个地方老是很痒，你必须痛快地挠一顿才能解痒。在这个新的领域内，发现更多、理解更好、变得更有技能就相当于痛快淋漓地挠到了自己的痒处。在理想的驱动下，你会去找一位导师，而好奇心能让你捧着导师给的书，彻夜酣读。

很多人都没有意识到，好奇心和理想一样是可以被激发出来的。就像我们倾向于认为我们要么渴望得到什么东西要么不想，而自己对此无能为力一样。我们也认为我们对某事或是感到好奇或是觉得它平淡无奇，也是没法改变的事情。

我们会说，“我厌烦那件事情”或“我对此不关心”，就好像这种感受是不可改变的。可是，与内心渴望一样，你可以学习重新唤起自己心中的好奇心，变得对自己需要学习的东西有好奇心，也可以重建起对生活保持好奇的习惯心态，这更会对我们的日常生活起到很好的作用。在第 6 章我们会关注如何重新发现和重新构建你童年时代的那种好奇心，让好奇心这种隐藏在你内心深处的能力再生，帮助你努力成为一名优秀的学习者。

米开朗基罗和他永无止境的好奇心

米开朗基罗听人说，如果按照传统方法搭建所需高度的脚手架，虽然不能说根本不可能，但肯定是极其困难的。此时，他没有放弃，而是开始思考，有没有什么方法能够绕过这个难题。他推测，从墙上架一个悬空的脚手架也许是个可行的方法。顺着自己的好奇心，他试验了多种方法，直到发明了一种以前从未有人尝试过的系统。这个系统运行得非常好，在这项耗时四年时间的项目施工中，没有发生一起工作人员死亡或受重伤的情况，堪称奇迹（在那个年代相比于其他施工项目而言，这是一个非常了不起的成果）。

他同样非常想解决的问题还有，能不能以一种更震撼人心的方式把《圣经》创世纪的故事展现出来，同时保留故事的复杂性和丰富性，而不采用教皇建议的那种简化而又平淡无奇的设计方案。根据他的传记作家阿斯卡尼·康迪威（Ascanio Condivi）所说，米开朗基罗一遍又一遍地细读《旧约全书》，就是为了满足他对创世纪故事全方位了解的好奇心，这样他才能创作出具有视觉凝聚力的故事画面，对教堂的整个屋顶尽最大可能利用好。

最终，他以自己强烈的好奇心为阶梯，走出了由于专业经验缺失而带来的挫败感。在过程的某个时刻，他要求助手撕掉一大片已完工的壁画，就因为它不符合他在艺术创造上的杰出标准，他们最终扯掉了几乎耗时六个月的工作成果。他既没有放弃，也没有简单地按照原有风格重新做好。他关注的是如何能对这一部分进行完善，并且最终做出了一个更优化的设计方案，同时也改善了石膏工艺技术，这让他重新完成的局部作品精彩程度远超之前。

愿意从差开始

现在你已经知道我认为保持空杯心态，愿意从差开始对我们而言是多么的重要，但又是多么困难了。我们大多数人都不喜欢重回这种“菜鸟”状态，尤其是在那些我们自认为是行家里手的领域，我们会尽一切努力，避免露怯、避免被人看起来表现欠佳、避免让别人对我们心怀失望。在这种情况下，我们尤其要学会把“坦然承认落后”作为一件有效的工具来加以运用。要知道我们拒当“菜鸟”的心理是相当顽固、相当难以克服的，因为做一只老“菜鸟”的窘境会让我们感到羞惭而又无计可施，显得不中用，十足像个呆瓜。我花费了几年的时间与一个想尝试从差开始但又感到痛苦、艰难的人一起密切合作。我看到她为了避免在任何一件事情上被人看得不像一个专家而搞得自己在在思想上和情感上愁肠百结、痛苦万分；我看到她有时诿过于人，有时甚至干脆拒绝认错；我看到她抗拒学习新技能、新方法、新技术，因为她陷入了自己给自己挖的陷阱之中，不愿意承认自己还有什么做得不好、值得学习的东西。

而那些“学习大师”们却已经学会了与这种不适感坦然相处的方法。就像在第一章开头我的客户所说的那样，他们“把不舒服当成舒服来从容享受了”。根据我自身的经验，对客户和同事观察以及我们自己在这个领域所做的调查研究，我相信“坦然承认落后”的心态，甘心在一段时间当“菜鸟”，是你为了成为一个好的学习者而应培养的最具潜在优势的一种能力。

我的一名客户也是我的朋友（你将会在第 7 章详细了解她的情况），是一名非常聪明并且成功的女性，她就很乐意“先承认落后”，愿意从差开始。她经常自嘲：“哦，我的天啦，这件事我可做不好，”

而不是踌躇犹豫、顾左右而言他。秘密在于她又会接着说：“但是我可以做得更好，我最终会掌控它的。”这是那些出色的学习者们在遇到这种问题时的正确姿态：他们学会了接受自己对某些事物不擅长、不精通的现实，同时也非常自信，认为假以时日，他们一定会重新赶上来。

在第 7 章中，我们会深入探讨如何运用自我对话（你在第 5 章中学到的自我对话管理的技巧，将在理解 ANEW 模型的其余部分时发挥作用），以可能最有用的方式，去支持你做到“先承认落后”。我们同样也将探索一个出色的学习者们经常用到的方法，我们称为“架桥”法，这能让你在学习新东西时，充分利用好现有经验。

米开朗基罗和从差开始

米开朗基罗在开始西斯廷教堂的绘制工作之前，已经是一名很有声望的艺术家了，无论从哪方面说他都已经是名副其实的专家。对于走出自己的专业领域，米开朗基罗可能也未必感到很舒适（他缺乏作为画家的经验，更不是一名壁画家，这也是他当初谢绝这个项目的主要原因），但是他把这种感受放在一边，从差开始，全身心投入现实工作。他的一名自传作家这样写道，在项目开始的初期，人们经常听到他求助于助手，常说："我不是壁画家，快过来帮帮我。"在项目初期他完全接受自己缺乏绘画技能的事实。就像我前面写的那样，他让他的助手将早期耗时六个月之久的工作成果毁掉，就是因为这些达不到他自己心目中的标准。他说："如果我的酒坏了，扔掉它！"当然，他同时也对自己的学习能力很有信心，相信自己能够克服项目中的各种挑战，创造出优秀的作品，他说："信心是一个人最好最安全的方向。"

从"我虽然现在很糟糕，但是将来我会变好"这一平衡、安定的心态起步，他巧妙利用已知的和已经学过的知识作为"桥梁"，将新的知识，相关联知识以及正在学习的知识都结合起来。比如说，他这样想："通过雕刻和身体解剖得来的经验，我理解了身体的组织结构，这样我能够学习如何在二维空间里更真实地表现人物的形体。"

米开朗基罗在那些缺乏经验和技能的领域敢于承认自己的不足，并且知道在工作过程中犯错和产生误解是不可避免的。他有着强烈的自信。他有能力将已有的知识和所学习的新知识联结起来。这三个因素结合起来，让他能够以令人惊讶的速度学习新的知识。所以当耗时四年之久的西斯廷教堂项目结束之时，米开朗基罗已经是公认的最卓越的壁画家之一了。

完全在掌控之中

在本书后面的章节中，你可以学习到如何在 ANEW 模型的四个心智技巧方面实现提升。在此之前，我更愿意为你指出另外一些事情。在我回顾米开朗基罗如何使用 ANEW 技巧的过程中，我没有多提及他独一无二的天赋或他之前作为实干型艺术家的工作经验。当然，他的天赋和以往的经验是西斯廷教堂壁画工程成功的基本保障，可是如果他没有充分地调整好自己作为一名新手的心态，这些条件也不足以保障他成功。不管你之前有什么样的知识、经验或天赋，在你准备去学习新东西时，ANEW 技巧都还是需要的。

非常幸运的是，这些心理知觉和心理训练的技巧能为我们每个人所掌握，不论你原先的天赋、培训、情势或环境如何。我相信每个心有所愿的人，在掌握新能力方面都会成为一个熟练的学习者。换句话说，如果你真心想要，ANEW 技巧就一定会属于你。

我相信，你会做如是想。我相信当你读到这里，你已经很向往在新世纪中尽己所能成为最好的学习者，希望能一头扎进知识和机遇的海洋之中。这样的机遇就在我们身边，就在我们心中。我相信在此后的人生中，你一直都会成为一个想要学习、成长、改变的人。你想成为一名真正的学习大师，这样你就可以真正利用好这个世界以及它对你所有慷慨的赐予，这既能充分造福你的个人生活也有利于你在专业上取得建树。

首先来做一下自我评估

在我们深入讨论 ANEW 模型之前，我鼓励你花上几分钟时间先来评估一下你目前在这四个学习技巧方面所达到的水平。你可以把这个练习看成是增强自己中立客观的自我评估能力的前期练习。你也可以到“bebadfirst.com”网站上去下载 pdf 版本的工作表，之后你就可以完成下面的和本书中的其他一些练习。（或者，如果你喜欢一些传统的方法，也可以准备一个“从差开始”练习簿，用于记下做练习时的一些心得体会，以及在学习过程你想记下的任何内容。）

试试看

以“学习大师”为标杆，评估自己目前所达到的状态。

在下面四个选项中给自己从①～⑤进行打分，①分表示“我很少做或不在行”，⑤分表示“我经常做并且做得很好”。

理想（内心渴望）：我是否擅长激励自己想去做很多事情？

① ② ③ ④ ⑤

中立客观的自我评价：我在评价自己的优势和弱势时的准确程度如何？我对此感觉如何？

① ② ③ ④ ⑤

永无止境的好奇心：天生的好奇心开发了多少？

① ② ③ ④ ⑤

愿意从差开始：做回“菜鸟”的意愿如何？

① ② ③ ④ ⑤

可以把以上内容设定为你作为学习者的初始现状，并作为衡量以后变化情况的基准。（你也可以在“bebadfirst.com”网站做更深一步的评估，从这里你可以得到对你目前 ANEW 技能水平及如何进一步发展的更具洞察力的评价。）

一些现实的主题

最后，在结束本章节之前，我希望看到你在思想上已经准备好了，准备要卷起袖子大干一场，并且已经准备好将我们讨论的这些观点应用到你自己的生活中。就像我开头所说的那样，我对读者们的期望是：在属于我们共处的时间结束时，你会成为更优秀的学习者，能在又快又好地学习新知识的能力上取得扎实进步。这些年来，我们发现，在辅导决策人以及培训管理者和领导人时，在实际情境中尝试运用新的技巧，是真正学会、掌握它们的最好时机。

为了让你在提高 ANEW 技巧之前打下一个牢固的基础，我想请你思考并记住两个现在对你来说真实有效的学习机会。

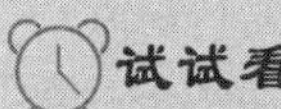

试试看

有没有一件事情能让你对学习感觉兴奋，或者说什么事情是你想学的？

（在理想的情况下，答案应该是你现在已经开始在学习的事情，因为那是你真正想学习这件事情的最好的证明！）

有没有一件事情你知道自己需要去学习，但还是不想真正开始学？

（这是那些你已经知道自己不想去学习的事情，也有可能是那些你只是有想法去做的事情，或只是口头上说想去学习的事情……总之这都是些你还没有知行一致地想努力去学习的事情。）

我们会把以上这两个表单作为现实的学习机会，带领你在本书接下来的部分练习掌握 ANEW 技能。像本章一样，在下面各章节中，我同样也会提供大量案例供你参考。

在我们继续前进之前还有几个问题：你是否已准备开始探索这些概念了？你是否对自己成长的目标领域有了一些更清晰的认

识？你是否想知道下一步该如何做？你是否承认你也许不像自己所期望的那样善于学习新事物？

如果是这样，那你就已经准备好开始学习 ANEW 模型了，让我们继续前进。

CHAPTER 04

内心渴望：激发你想要的

米开朗基罗一直拒绝教皇的委托是有原因的。首先，他认为自己是雕刻家而非画家，不想在这个不太适合自己的巨大工程上耗费多年光阴；另外，他也不喜欢教皇对屋顶的设计方案（但这又是很难启齿的事情）；最后一个原因是，一旦他接受，就将意味着一连几年艰苦难挨的劳作。

但是当他意识到自己无法回绝教皇的“请求”时，米开朗基罗就开始尽心尽力地披挂上阵。第一步，先跟教皇商榷修改设计方案，并得到教皇最终认可，新方案更加繁复、宏伟，也更有挑战性。第二步，开始全神贯注解决工程面临的纯技术性难题：如何改进技术以适于在离地 70 英尺、长 133 英寸、宽 46 英尺的巨大的屋顶上绘画（而且是在潮湿的石膏上彩绘）？

按他自己的话说，在设计问题时能按自己的意愿办事，又创造性地为工程技术难题找到了可行的解决方案，他对工程的态度发生了戏剧性的变化，他甚至对他的朋友们说，已经迫不及待地要大干一场了。

想与不想

也许你读完上面这段故事节选之后，会这样想：“我知道了，如果我下定决心去做某件事件，就一定能做地好，但问题是我根本下不了这个决心。”

这样的说法有一部分是正确的。就像我前面所指出的，人类的本性是只愿意做我们想做的事情。然而，我们围绕这一事实所做的部分假设，成了前进路上的绊脚石，让我们难以进一步学习和成长。

首先，我们的假设是，如果我们不想去做某件事情，那就是一锤定音了，因为我们根本就难以改变我们“想做某事”的意愿程度。我们将在本章节详细说明为什么这个假设是不正确的，以及怎样做才可以改变我们内心的渴望程度，就像米开朗基罗所经历的那样。但是在深入探讨这个话题之前，我想先指出并澄清人们因为错误的假设而导致其理想（内心渴望）真假莫辨的两种做法。

口是心非：口头说想做，内心没实意

我在上个章节里面也简略提到过，我们对自己的理想（内心渴望）所做的第一个错误设定是：在内心实际上不愿意去做某件事情的情况下，相信我们想去做这件事。我有一位叫吉米的同事，也是我的朋友，在过去的几年期间他一直在提醒自己（和其他人），自己真的很想学习弹钢琴。可是他一直未付诸行动。我想知道这是什么原因，于是问他为什么没去学习，虽然他一直强调自己真的想去学，但他非常诚恳地告诉我："我不知道。"然后又继续说道："书和乐谱我都已经准备好了，我也有可以练习的钢琴键盘……但我也不明白我为什么还没有开始行动。"我告诉他，如果他学习钢琴这件事情没有遇到什么障碍，而他确实又没去做，那就说明他根本不是真想做这件事情。我们经常会把"可能对某件事情感兴趣"和确实想"努力去完成它"这两个概念搞混淆。

反躬自省，想想你有没有做过类似的事情，告诉自己或者其他人你想去做某件事情，但实际上没有为之付出任何努力。如果你对自己足够诚实，我相信你应该会认识到，你有时是会产生一些模糊的想法，认为弄懂或者去做某件事情很酷、很好玩或者很有用，但这并不是说你形成了清晰的决心，一定要在某个领域达到精通。这就是兴趣和理想（内心渴望）之间的区别。这里有一个对大多数人都适用的案例，我曾经看到一份美国的调研报告，它统计了不同年龄层次和不同居住地的成年人群，并询问他们是否想过将来某一天会写本书。其中有超过 4/5（84%）的被调研人员回答道："是的，毫无疑问，非常想。"最终付出实际行动真正完成写书计划的人只占到很小的比例，所以对大多数人而言，所谓"想做某事"很清楚就只是一种对写书这种可能性的一点不冷不热的兴趣而已，而根本不是真正的热情理想。这样的兴趣，不会像真正的热情理想那样催人奋进，让你为之付出实际努力。

它们之间的区别远不是一种没有意义的文字游戏。准确地了解自己内心是否怀有学习某件事情的热情理想，是非常有必要的。如果你只是一直告诉自己想学习什么事情，而其实没有采取任何实际行动，那么你采取的一些动作会把你的"想要"包装成很货真价实的样子。就像我的朋友吉米一样，你可能会去买书、报名参加培训班、做计划清单，甚至也定好目标了。但你很可能会发现，这些表面功夫其实没有效果，因为这些都不能解决你内心潜藏的“不想学”的问题，这同样也不能让你的理想真正升温到沸腾。

口非心是：说不想去做，其实想去做

我们把自己理想的真实面目搞得似是而非的第二种情况是，有时候我们明明已经要做一些事情，但是偏偏内心相信并口头宣称我们其实不想做这件事情。现在，我几乎能听到你心中正在嘀咕，比如你是不是会这样想：“先等等，你怎么能说我们只是做那些我们内心真正想做的事情？我每周都要清理楼下的卫生间，但我发自内心地绝对不想做这件事情。”我认为，其实你这是两害取其轻的选择，如果不把卫生间收拾好，那么你就将忍受一个越来越看不下去的卫生间，或者一个越来越对你怒目而视的配偶或者室友，否则你才不会去做。我们在强迫自己做一些不十分愿意做的事情，往往只是因为我们认为它是一个最好的选项（通常我们并没有清楚地意识到），我们相信这么做会获得某些重要的好处（或者说避开某些不好的事情）。换句话说，你尽可以恣意抱怨你有多么不爱锻炼或者收拾卫生间，但当你确实选择去锻炼或者收拾卫生间时，那就意味着你或是有利可趋或是有害可避，而且其价值之高让你顾不上满腹的怨怼。

想想任何一件你虽然曾经满心不喜，但还是违心去做了的事情。我敢打赌这全都是你利害相权的结果。

总而言之：我们只做最想做的事情

总结一下就是，仔细权衡所有情况后，我们在特定的情势下，在所有可行的选项中，我们只做自己最想做的事情。

很遗憾，几乎每当我们能够通过学习新东西获益时，貌似总是伴随着另外一个看起来不是那么繁难的选择。这个选项就是：抱着原来行之有效的方法不放，不愿越雷池半步。这也是米开朗基罗曾经的选择。他就想当一个雕刻家，并不想去尝试大型壁画创作，特别是在离地 70 英尺高的巨大天花板上做壁画。事实上，他曾经试着去说服教皇不要做西斯廷教堂屋顶的这项工程，而是去为教皇设计和建造雄伟、繁复的大理石陵墓，这样他就可以尽情发挥雕刻艺术才华，为他的雕刻家生涯画上完美的句号。

现在是 21 世纪，我们每个人的工作几乎每天都在变化，这种“维持原状”的想法阻碍着我们去学习和应对层出不穷的新事物。例如，下面这位名叫罗恩（Ron）的图书管理员就是这样。罗恩的工作与一般的图书管理员一样，就是整理、管理书籍。现在他们图书馆要进行数字化升级，要将每一本藏书数字化，并将数字化的文献分门别类整理，以便读者查阅。他觉得自己可以学习从事这项工作所需的全部技能。然而，这确实需要消耗大量时间和精力，而且罗恩对学习软件兴趣不大，或者说他根本就不想学。所以，他决定按照自己的喜好继续工作，只专注于本职工作中的那些传统内容，因为这会让他觉得自己完全胜任。他喜欢也善于整理书籍和图书馆里面的其他文献资料，并且能快速地找到书籍供读者阅读。他想就这样一直波澜不惊地干下去。

可重要的一点是，我敢说罗恩可能还没有意识到他对新的可能性所怀的抗拒心理，他还没有公开宣称自己不想学习这些能决定他与数字化工作是融入其中还是游离其外所必需的新技能。甚至，他都有可能告诉自己或者他人，他真是想把这些软件技术学会。随后，不知怎的，就会发现自己总是腾不出时间，或者他会转而让自己相信，老板内心其实也希望自己专注地把目前这些传统工作做好。（把“想和不想”搞混淆的最危险的一面就是，对于那些我们觉得应该做的事情，我们很少勇于承认自己其实并不想做。我们总爱诿过于人，总感觉是别人的工作安排，时间或资金紧缺，缺乏自我约束，导致我们不能把想做的事情做成。）

遗憾的是，罗恩的一些同事不但愿意学习新方法，而且能够与自己的畏拒心理做斗争。最终他们学会了新办公软件的操作技能。这对罗恩科不是个好消息，罗恩被解雇了，尽管很残酷但这就是事实。其实在被解雇之前的很长一段时间里，他就已经被看成那种停滞不前、不思进取的员工了。他对单位的用处下降，而且也无岗可转。像罗恩这样的人在自己职业生涯的发展上掉队是极正常的现象，因为他在专业上把自己彻头彻尾地边缘化了。

还记得我在前面章节说过的一句话吗？持续地又快又好地学习新知识的能力是你在 21 世纪成功的关键所在。罗恩就是一个很典型的反面案例，如果在需要面对新的学习课题时，你有一点抵触，就是说回避去学习新的和令人不适的东西，世界就会将你抛在身后。

如何让自己想做某件事

无论如何都请记住，你可以让自己变得想做某件事，甚至想学习你现在不想学习的事情。你的确可以点燃自己的理想之火。以下是做到这一点的方法。

激发学习渴望

- 展望学习之后的各种好处
- 想象当你能享受这些好处时，身边可能会出现一个多么美好的世界

这两种成果是人类内在动机的核心。当我们做任何需要付出努力的事情时，不管是走到街角商店去买牛奶，还是去读个工商管理硕士（MBA）学位，我们之所以要做这些事情，都是因为能清楚地

看到这种行动所能给我们带来的好处，而且我们完全可以期待未来收获时的喜人景象。（我只喜欢喝牛奶麦片，牛奶冲泡的鲜麦片美味诱人；或者我想在组织内向上晋升，MBA 学位对我将会是很大的帮助，我能想象自己有朝一日会成为高管。）

当我们不想做事情的时候，总是可以找出各种借口和困难。请把目光投向学习新事物所能带来的各种潜在好处，以及可能由此实现的更光明的未来，这是点燃心中理想的一种简单而有力的方法。

理想的模样

为了让你真实感受到，在现代的工作世界中，激发出“理想肌肉”的力量有多么重要，让我首先向你介绍一下我们的一个客户：迪塔维欧·塞缪尔（Detavio Samuels）。我第一次碰到塞缪尔时，他刚刚接受了一项重要的新工作，这项工作极富开创性。一号广播（Radio One）是美国本土领先的城市媒体公司，阿尔弗雷德·里金斯（Alfred Liggins）是这家公司的 CEO，他邀请塞缪尔担任全套解决方案（One Solution）部门的主管。这是一个全新的部门，主要任务是整合一号广播公司的所有资产。公司旗下的资产包括：分布在国内各主要市场的几十家电视台、有线电视网络，一号电视（TV One），以城市为重点的在线资产组合，互动一号（Interactive One），还有“到达”（Reach）媒体公司——为电台提供播出内容的协同化生产和分销商。

塞缪尔以前在环球色调（Global Hue）公司担任底特律办公室主任，这是一家多元文化的广告中介机构。我觉得换了新公司的塞缪尔正面临很大的学习挑战，他的学习曲线正处在陡峭的上升阶段。虽然他对广告业十分熟悉，但是一号广播公司的业务范围，特别是电台，对他来讲几乎是全新的领域。当被授予这个新职务后，他一下就注意到这与自己以前的工作在诸多方面都存在很大差异，这意味着更高的风险和更多的困难，其实他本来完全不必这样自讨苦吃。因此，当我和他第一次谈话时，我就问他为什么想到要换工作。

“我知道这对我来讲意味着需要付出艰辛的努力，但同时也给了我一个机会，让我增长见识，”他说到，“以前我只能从中介这个角度来观察媒体业务，就把它们看成是我们的客户去做广告的场所。现在我可以从内部来了解这些事情，这很让我激动。我很高兴获得这样一个机会，这有可能让我做出一些新的成绩，因为我们可以开拓一些公司以前未曾尝试过的，甚至从来没有哪家媒体公司尝试过的新业务。而且我有感觉，阿尔弗雷德会给我比较大的灵活性和支持，他雇用我就是要让我以一种新思路来引领部门业务的发展。如果我们的预想都能实现，那对任何人都有益：对我们整个公司，对我们的消费者和广告商，以及对我自己！”

听完他的一席话，我暗想，这家伙可真是个激发自己理想热情的高手。通过简短的几句话，塞缪尔告诉我们，他最看重的是新的岗位所要求的新的学习历程能带给他的收益。他将有机会继续深化自己原有的学习成果，开创新事物，而且会在这份事业中担起越来越大的责任。将来，他和许多人都会从这项自己曾经为之努力的事业中获益。

他接受了这份工作，而且我看他已经全身心地投入到新的学习中去了，他强烈的内心渴望让他克服了接踵而来的挫败感和重重障碍。现在，他正全力以赴带领自己的部门前进，努力成为促进整个公司成长的催化剂。

想象未来的获益

为了帮助大家更加熟练地掌握唤起理想激情的方法，让我们来分析一下塞缪尔是如何做到的。在面对是选择学习新事物还是继续待在自己舒适区的时候，塞缪尔首先关注的是学习可以给自己带来哪些好处。他注意到在这里可以继续深化自己原有的商业知识，有机会开创全新的业务，还有公司给予的自由发挥空间和大力支持。这些都非常吸引他。

在我与塞缪尔对话的过程中，我注意到一个现象：他非常清楚地知道是什么在激励着自己，不仅仅是在当下的情境中，而是在一生中。我注意到，优秀的学习者都是如此。他们往往都能清醒地确认自己究竟喜欢什么、不喜欢什么。这让他们在必要时，能自如地点燃自己的理想激情。他们能在那种“现在还是不想干”的状态中，发现潜在的益处，他们知道这能激励他们举步向前。

如果你之前没有想太多关于如何才能激发理想激情的事情，现在有一个简单的方法能帮你发现到底什么能够激励你。看看有没有什么事情是你确实想去学习的，判断的标准是你到底有没有对此付出实际的努力。然后，再想想你正在从中收获什么，或者将要收获什么。你可能还想再看看另外一些正在学习或者已经学习的其他稍许不同的事情，这样你就会对什么能对你形成激励的问题总结出一个比较普遍的规律性认识。

这样，当你清晰认识到能获得益处是你投身新事物的最重要的推力时，你就可以去检视那些你现在还不想做的事情，也就是那些你现在还打不起精神做的事情，看它能不能为你带来这样的益处。

以下是我的朋友吉米在练习弹钢琴时发现的道理。我朋友吉米在实践中发现一些有趣的事情，虽然他没有鼓起足够的“渴望”去练习钢琴，但他已开始练习打高尔夫球了。当我问他打高尔夫能带来什么益处时，他回答我：“我喜欢体能上的挑战更多一些，我更喜欢开发身体的新技能，当然，我也喜欢在户外呼吸新鲜空气的感觉。打高尔夫球的时候我可以与儿子一起游戏，我对这种社交效果也很看重。”在我们深入交谈之后，他意识到，虽然练习钢琴难以获得户外放松这项益处，但是开发身体的新技能和与他人在一起学习这两项益处，通过练习弹钢琴也能得到。由此，他认识到，如何才能把学习的益处和学习方法联系起来。

这里还有一个实际工作场所的案例：我们公司一名叫辛迪的咨询顾问，对于是否学习愿景和战略过程辅导这两方面的知识她一直十分犹豫。她已经说了好几年如果有机会就愿意去学习这两方面的技能，但却没有采取任何实际行动。很显然她没有燃起足够的热情，能促使她投入必要的努力。然而，突然有一天，她说她要开始学习这一辅导认证了。我问她这次为何打定了主意。她说："我意识到自己以前只考虑了这件事情的困难之处，担心我可能不会如愿学好这方面的知识。但后来我意识到，确立愿景和建立战略过程是帮助客户成功的重要工具，而能够通过自己的努力帮助客户成功对我又是如此重要。我也回想起，在过去几年中，当获得前所未有的技能和洞察力时，我是如此开心。因此，我意识到，如果学习了这两个方面的知识，一定还会让我在这些方面获得丰厚的回报。"辛迪现在已经通过了这两方面的认证考试，独自担纲主持了她首次愿景和战略过程认证辅导项目，并获得了客户的高度赞赏。

试试看

现在你将有机会来绷紧自己的“理想肌肉”。回顾一下在第 3 章测试中你所做的选择——对那些你确实想要去学习的内容，现在是否已经开始学习了，如果已经开始，情况自然是最理想的。将注意力转移到你希望通过学习收获（可能已经收获）的益处上，这样你可能会相对容易坚持。既然这确实是你想学会做的事情，那你应该或多或少已经认识到了其中的某些益处，即使你还没有进行过非常系统的思考。你可以把你的答案写在从“bebadfirst.com”上下载下来的 PDF 文档中，或者写在你的笔记本上。

写下你期望通过在自己真正想学的领域开展学习，所期望得到的或者已经在收获的益处。

把那些对你至关重要的益处考虑明白，对你有两方面的价值。首先，它能让你很好地体会到自己雄心激荡的感觉，这种感觉可以在任何情形下激发你的斗志。其次，你也可以像塞缪尔、吉米和辛迪所做的那样，运用自己对“益处”的认识来刺激自己对那“还不想做”的事情燃起渴望之情。想清楚你可能会在这些领域得到益处，可以帮助你走出对前进中的困难和障碍思虑过甚的怪圈（当我们想到那些不愿意做的事情时，满脑子都会是这些负面的东西）。

在脑海里搜索一下，有没有哪些事情你还不太想学习的，拿出一件来当例子考虑一下。学好这件事情，怎样才能给你带来同样的益处？在下载的 PDF 文档上或笔记本上写下你对这件事的反应。（这是我最后一次提到这个事情，我相信到目前为止，你已经明白这个训练怎么做了！）

这件本来不想学习的事情如何给你带来了在前边的练习中识别到的那些好处（或者其他对你同等重要的好处）？

想象可能出现的美好世界

当我第一次与塞缪尔聊天时，他的注意力就集中于他想象中能够尽情享受学习所带来的益处的未来世界。不管是那天还是后来，他都满怀兴奋地憧憬着未来，到那时他将会成为一号广播的资深业务专家。这些学习得来的精深知识，能让他与同事们齐心协力共同提升公司的业绩、扩大公司的业务疆域。

这是激发理想激情这一技巧的第二部分内容——学会去想象一个可能实现的未来，到那时你已经学到了那些你当初认识到自己需要学习的知识。这种人类能力的核心在于所有人都能够为自己描绘一个目前还不存在的未来图景。任何一个想要一辆自行车作为生日礼物的小朋友都憧憬过这样的画面：想象这辆自行车会是什么样，骑它上马路会是什么感觉，他的小伙伴们第一次看到会是怎样的反应，等等。

遗憾的是，当我们努力实现自己的目标时，大部分精力都放在考虑的困难上，让我们很容易丧失这种想象未来的能力。（小朋友可能会想：我永远不会有辆自行车了，或者像我这么笨手笨脚的，说不定骑车时会在小朋友们面前摔倒。）想象出具有现实可能性的、积极的未来场景的诀窍就在于能够自如运用你的想象力，而不是放弃它。这种放弃行为，一般发生在当我们不想学习一些事情时，尤其是当我们面对那些我们内心知道自己需要去学习但又心怀抗拒的事情时。我们更多是对在这一过程中遇到的困难和阻碍放心不下，而不是去乐观地想象当我们的学习目标斩获颇丰时的幸福和满足，这导致理想的激情一落千丈。

在我写的其他一些书籍中，特别是在《讲战略》（*Being Strategic*）这本书中，我对想象一个充满希望的未来所能带给我们的力量，进行过详细的讨论。如果你认为自己很有必要在这方面发展提高，我建议你去读一下这本书。为了帮助你充分想象出由新的学习而大受其益的未来景象，在这里我将把在那本书中提出的模型进行浓缩，把关注点主要集中在学习方面，向你进行传授：

- 建立实现成功的时间表
- 想象自己正处在这样的未来时光中
- 描述未来可能获得的成功看起来和感觉起来是怎样的
- 提取关键事证

1. 建立实现成功的时间表

开始的时候要先制定一个合理的时间计划，要设想在计划中的某个时点你可以合理地收获新的学习所带来的益处。很重要的一点是，这个时间计划要符合实际。否则，你自己也会认为实现计划的希望渺茫，这样设想出的未来景象就难以有力地激励你采取必要的行动来实现它。

比如，你可能会计划用一个月的时间来学习新的电子表格项目。而要扎实提高你的领导力技巧，那么安排六个月或十二个月的学习时间，可能更合理一些。

2. 想象自己正处在这样的未来时光中

在这里，你要运用自己对未来的想象力，重点还是要关注之前认识到的那些可能获取的益处。为了做到这些，你需要自由地想象一个未来的真实世界，在这个世界中你可以乐享这些益处。为了做到这一点，可以想象自己正置身于一个心理的时间机器中。设想你从时间机器中走出来，还是来到了现在这间屋子，坐在现在这把椅子上，但时间是你在第一步的计划中选择的那个预期成功的日期。你重回这间房子，坐在这个椅子是来庆祝成功的，因为你真地实现了希望中的未来景象。你学会了新的技能和能力，并且收获了你想获得的成果。一个让大脑进入梦想模式的简单声明就可以支持你发挥出自己的想象力。比如：“现在是 20××年 3 月，我正在展望我学习了某项新知识、技能后所取得的成功”。一旦你感觉自己已经舒服地置身在这个可能性的世界中，就可以进入下一步了。

3．描述未来可能获得的成功看起来和感觉起来是怎样的

这场时间旅行临近尾声，当你用心环顾这个梦想中的新世界时，你从中都看到了什么？你会想起在这次学习之旅中自己所体会到的那些益处，它们就像真的在你身上发生过了一样。现在描述一下它们看起来、感受起来、听起来像是什么样子的（比如说，如果你设想未来你能学会演讲的技巧，那么这个场景可能就是这样的：我正向老板和他的伙伴们做一个商业汇报，此时我思路清晰、专注而放松。我的肢体语言和声音坚定而自信，对它们提出的那些意料之外的问题我也回答得很好。我为自己感到自豪，老板对我的精彩

表现表示祝贺。）有些人喜欢把这些成功故事想象成视觉化的情景，有些人喜欢大声说出来，不管是哪种情况，如果把这些想法记录下来，都会对你很有帮助。

4．提取关键事证

当你觉得对自己想要的未来已经有了一幅非常清晰明确的画面，回顾你写下和提取的能够标志你取得成功的关键事证，这是最能吸引你和激发你斗志的部分。我建议不要选太多，选择那些最能说明你已经得到了想获得的益处的事情就可以了。（比如说：在第 3 项的例子中，你可以总结说“我是一名技巧纯熟、心态放松的演讲者”，“我知道怎样去应对意料之外的情况”以及“我和老板对此都很满意和自豪”。）

现在我鼓励你在那些自己不想去学习的领域尝试一下这种方法。利用前面所描述过的潜在益处来想象这样一个具备现实可能性的世界。

预想一个“有希望的未来”，到那时，我就可以收获学习成果……

制定时间计划表（到什么时间我会在此领域成为知识渊博、技巧熟练的人。）

想象自己在未来的境况，描述成功看起来怎么样，感觉起来怎么样（我做的哪些事情让我从学习中得到了这些收获，我对此感觉如何。）

提取关键事证（未来学习取得成功后，我会以什么样的方式体验这些益处。）

现在你有机会在这个领域催化你的理想激情了，停下来，花上几分钟上思考一下：现在，你觉得学习新技巧、培养新能力的感觉是怎样的？

我希望现在你能比刚读本章开头时对学习的兴趣更大一些。也许你已开始考虑拿出时间来学习了，或者考虑要和那些能对你有所帮助的人交流了。甚至，你现在已经开始有点小激动。

这就是理想激情的力量。对某件事情的渴望是强大的潜在力量。它几乎能自动把我们的注意力从找借口、惊慌、心烦、嫌浪费时间、嫌复杂，变成不惧任何困难、一心一意要把事情办成。一旦我们了解到学习能带给我们至关重要的益处，并可以预想到在不久的将来就能收获和享受这些益处，我们就会想方设法创造机会，把梦想变成现实。我已经发现，这几乎可以说是个很神奇的过程，这种思想焦点的转变能够释放一个人的理想激情。

大概在十年前，我就对这样一个展现出“理想激情魔力”的例子印象深刻。我辅导过一名 CEO，他的公司发展迅速，已经从小公司发展到中等规模的企业。他是位了不起的运营者，头脑精明而且经验丰富，公司的业务范围比较专注，并且组织管理良好。问题是现在公司运行已经稳定下来，他到了需要对公司的日常管理适度放手的时候。公司的业务越来越大，越来越复杂，他自己成了一个瓶颈，急需下放一些关键的职责和权力给那些为他工作的人。否则，所有重要决策都要经过他审核，尽管目前他还精力饱满、头脑精明，但这显然不是长久之计。而且公司的高管们也感觉很沮丧，士气很低落。我知道，如果这样持续下去，他的一名重要高管可能会选择离开。我们对这个话题进行了长时间的深入讨论，他很快就理性地认识到了这个问题。我也向他传授了我们的授权模式，但他并没有真去落实。我认识到这实际上还存在一个激发渴望的问题。

于是，我便问他，如果更多地授权，他认为自己会得到哪些益处。他回答说："哦，我知道这可能是个好主意，但是我的标准很高，我需要确保最重要的事情按照正确的方式进行处理。有时候如果我不在近前，员工可能就提不出正确的问题。"显然，他关注的不是授权这件事情能所能带来的益处，而是这样做会遇到的一些问题。难怪他会对此兴趣不高。我对他说道："我知道采用完全不同的方法来管理公司不是件容易事，过程中充满困难。不过，尽管你可能觉得好笑，但我还要是要问你，你觉得能从授权中获得哪些益处？"

他停顿了一下，想了一会说："你知道，如果可以授权给同事，并取得不错的效果，我自己就能从这些事情中解脱出来，那么就可以有更多的时间去思考公司下一步的发展计划，可以考虑在未来一两年的时间里把一些新的管理方法引进到公司的运营中。现在的问题是我根本没有时间和精力去关注这些，其实，这对公司的业务发展是个糟糕的事情。”他暂停了几分钟，用笔在桌上轻轻敲了几下。“现在我理解杰克的挫败感了，我不想失去他，他是我最好的伙伴。我确信如果我能站在他的位置上思考问题，他一定会很开心。”我对他能这样理解感到十分欣慰，接下来我们开始讨论如何实施。

我不敢说他能在一夜之间改变想法，或者说百分之百改变想法，他在一些细节管理方面仍然有跑偏方向的问题。但是经过几个月的磨合和锻炼，他的大部分直接下属都向我反馈，他的方法和心态已经有了明显的改善。他现在很少事后评论他们的决策，而且开始这样说话，“如果碰到棘手的问题再来找我，其他的事情你们自己看着办”并且坚持这样做下去。公司的内部会议也有所转变，从原来他一个人给各个部门指引方向，到现在大部分时间都用来听各部门领导的汇报，并在必要的时候提一些关键问题、给一些好的建议。

这是一个完美的开始，对练习 ANEW 模型余下的三个技巧很有帮助。当你开始渴望学习，你就站在了一个更高的起点上，对成为中立客观的自我评价者、保持永无止境的好奇心和愿意从差开始都有很大的帮助，这样你就可以像我的客户那样，开始学习新的技能和工作方式了。

这套技能对米开朗基罗适用，对塞缪尔适用，对我这个现在已经擅长授权的客户适用，也同样对你适用。激发内心的渴望是必要和有力的开头，但也仅仅是个开头……

CHAPTER 05

中立客观的自我评价——美式偶像综合征

他是一个从未主导过壁画创作工程的艺术家，在这方面经验甚少，只是在他的导师基尔兰达约的工作室里面当过学徒。所以他主要是从导师那里聘请了许多助手，他们都在壁画方面有着丰富的经验。他们帮助他想出适应在巨大的天花板上作画的技术和方法，以及如何在拱形平面绘画的技术。

认清自己的挑战

米开朗基罗看起来对自己的弱点一点都不掩饰，他觉得自己不擅长绘画，更别提绘制壁画。就像我在前面的章节说的那样，他甚至直言不讳地告诉助手，自己在绘画方面缺少经验，并寻求他们的帮助。但是对于我们绝大多数人而言，很少有人能客观对待自己的优势和劣势，自欺欺人的心态往往让我们很难放下架子去学习。

康奈尔大学一位叫大卫·邓宁（David Dunning）的心理学家论述过关于自欺欺人的心理难题，他收集了大量翔实而有效的数据，用来说明当我们评估自己目前的能力时，内心会有多么飘飘然。在这里列举一些要点。

高中毕业生：数据表明有 2%的人自认为在“领导力技巧平均线”以下，而 70%的人自认为在“领导力技巧平均线”以上。当被询问到与其他人的能力对比时，有 25%的人认为他们处在最高的 1%范畴之内，60%的人认为他们处在最高的 10%范畴之内。

大学教授：94%的人认为他们的成就在平均线以上。

工程师：在两家不同的公司里，都有超过 30%的人认为他们的业绩表现处在公司最高的 5%里面。

医生和护士：邓宁的调查报告中选的是从事重症监护的医生和护士，他们治疗甲状腺障碍患者，对他们进行手术和医护，维持他们的生命。调查报告显示，从事医疗健康职业的人和他们的自我保健习惯完全没有关联，他们知道如何去保持健康，但并不一定会这样去做。

这听起来很像加里森·凯勒（Carrison Keillor）所提出的“乌比冈湖效应”的真实版。乌比冈湖是一个假想的美国中部小镇，镇上的“女人都很强，男人都长得不错，小孩能力都在平均水平之上”。社会心理学借用这一个名词，来表示人们通常怀有的一种总觉得自己各方面都高出平均水平的心理倾向，即对自己在许多方面的评分高过实际水平。这个心理效应告诉我们，我们总是高估自己的水平，这也是我们面对学习时的问题和障碍。

我们总把自己说成自己期待成为的那种样子

我们不愿意承认自身不足的主要原因是，我们会默认自己对取长补短、改善自己感到无能为力。卡罗尔·德韦克（Carol Dweck）是一位心理学家，是潜能激发领域的领军人物，并著有《看见成长的自己》（*Mindset*）一书，书中她对僵化的思维模式和成长的思维模式着墨甚多。她在研究中发现，许多人认为自己就只能是目前的自己。当下的能力和长处是固定的，是停滞不变的。一旦有了这样的潜在想法，我们就不愿意承认自己的不足和弱点。一旦我们相信现在的自己是注定不变的，那我们当然就愿意相信现在的自己就是完美的。换句话说，我们这种不切实际的积极的自我感知，掩盖了我们对自己目前还不太完美这一事实的觉察……我们因此会变得故步自封，难以达到卓越之境。

对于人们缺乏正确的自我评估，有时更受到内心不安全感的困扰这种现象，我喜欢举一个例子来说明，虽然这个例子难免有点让人感到辛酸。我把这种现象称为“美式偶像综合征”。这种现象我们都司空见惯。在一些选秀节目中，有些选手不论从哪个角度评价，都不能算会唱歌，但他们依然充满自信地大声告诉所有人，他们想赢得比赛，想晋级下一轮，直到成为美国下一代流行天王。他们之所以如此强烈地渴望获得成功，是因为他们觉得自己足够优秀，相信自己目前的状态简直堪称完美。所以这些选手会利用每次能够得到的机会，大方地告诉主办方和美国媒体，自己就是难得一遇的歌唱天才，已经具备一名歌手应有的所有特质。

当评委这样评价他们时：“说实话，你的嗓音条件很糟糕，我希望你没有因为唱歌而放弃自己的日常工作，非常遗憾，你确定进不了下一轮。”评委的点评非常准确，但他们自己的反应却往往是非常震惊，内心十分抗拒这一无奈的事实。在被淘汰之后的采访中，这些选手通常不会对自己的能力表示怀疑，而是将失败的原因归咎于评委的偏见，自己精神紧张，甚至是曲高和寡、知音难遇。换句话说，他们迅速地建立起自我心理防线，不愿意承认自己不是一个好歌手这个事实。

为什么这很重要

那些自欺欺人参加“美国偶像”选秀而被淘汰的选手，不太可能在打铺盖回家之后的第二天就给音乐老师打电话，诚恳地告诉对方：“我想成为一名了不起的歌手，但我知道现在自己的歌唱技艺还不精，我想进步，所以还得向您求助。”这就是为什么中立客观的自我评价会如此重要的原因。如果你想精于其事，但又不愿意客观准确地评估自己现有的水平，就不可能敞开心扉去进行必要的学习，以便自己能够真正取得进步。

我们在进行管理教练时，经常会遇到这种现象。我们的辅导对象往往把他们在某方面的弱点当成强项，当我们向其提出一些支持性的改善建议时，他们根本不以为然。比如，有一名学员认为自己在建设一个强大团队方面很在行，然而我们了解到的情况是他对此很不擅长。我们可以向他反馈实际情况，也可以向他解释高绩效团队应该具备哪些特质，甚至可以向他传授把这样的特质赋予他自己团队的工作技巧……可如果他坚信自己已经精于此道，他就不可能把我们分享的这些内容当回事。这就是为什么我们作为咨询顾问，在与客户合作初期，会花大气力来提高学员们在进行中立客观的自我评价方面的水平，因为如果没有这样一个基础，接下来的工作不过是白白浪费大家的时间。

更清楚地了解自己

好消息是，现在有一种非常简单的方法，可以帮助你更加清晰地了解自己，扭转不准确的自我感觉。也就是说，你可以更加中立客观地评估自己。

提高中立客观的自我认知水平

- 管理自我对话
- 成为自己的公正见证者
- 邀请到优质的“信息源”

当你进行以自我为话题的自我对话时，如果感觉自己有了更多的自我认知和自我控制，这就说明你已经开始能够进行中立客观的自我对话了。绝大多数人都不知道自己居然可以这样做，但是这是真实的，你的确可以改变自己的内心独白。一旦你开始学习这种管理内心声音的技巧，你就可以逐步提高它。如果你愿意，你就会慢慢成为自己生活和自身能力的更加客观和准确的观察者——一名“公正见证者”。当你对自己目前能力水平的评估更加准确、更少防卫心理，你就会以更加开放的心态来对待周围人的反馈。这时你就可以进入建立中立客观的自我评价能力的最后一步：找到最了解你的人，并请他们告诉你他们对你的看法。

中立客观的自我评价看起来什么样子的

当我第一次与亚当·司托茨基（Adam Stotsky）交流时，就被他对自己中立客观的自我评价所震惊了。他曾经担任 NBCU（环球影视公司）旗下的电视网络公司的总裁，那时 NBCU 正处在重要的历史时刻，正在重塑品牌和重新寻找市场定位。NBCU 的董事会主席邦妮·哈默（Bonnie Hammer），也就是亚当的新老板，在职业生涯早期曾与亚当共事过，对他非常了解。她要求我与亚当共事，并来给他当管理教练。虽然他在职业生涯中管理过一个庞杂的市场部门，但还没有独立管理过一个完整公司的业务。尽管邦妮有信心，相信亚当有这个能力管理好公司，她还是想尽其所能地帮助、支持他，以保障他的成功。

虽然我以前没有与亚当碰过面，但我认识的许多人都和他相熟，因此，我很了解众人对他的看法。如果说大家对他的看法准确的话，那么我认为亚当应该是一个非常聪明、敏捷、富有创造力的人。根据与他同事过，对他比较了解的一些人的看法，他最大的弱点就是有些“自大”。当我再询问细节时，他们告诉我，亚当有时候听不进去别人的意见，总认为自己是正确的，甚至在别人比他更有经验和相关知识的情况下，他也会固执己见。

当我们进行最初的谈话时，我想了解一下他到底是不是愿意与一名咨询师一起工作。他的回答非常诚恳，让我感到很受鼓舞。他说：“我很感谢邦妮的建议，虽然规模并不大，但管理这样一家网络化的公司与管理一个市场部门在许多方面都大不相同。我知道你长期以来与很多 CEO 和总经理一起工作过，我希望你能把这方面丰富的经验传授给我，帮我避免在工作中落入一些大陷阱中。”

也许是因为我对自我认识这件事非常敏感，或者是对辅导对象缺乏自我认识的现象太过敏感，当听到亚当能认识到在新的工作岗位上自己某些方面的工作能力还有待完善时，我觉得十分欣慰。于是，我决定与他谈谈对他来讲有些难度的领域，测试一下他进行中立客观的自我评价的能力究竟处于什么水平，看看为了能一起愉快合作下去，还需要做些什么事情。

“我觉得你的想法很正确，”我说道，“这两项工作的确在许多方面都有所不同。我现在想请你谈谈，作为一名经理人、团队领导或商业人士，你觉得自己现在拥有哪些长处，可以支撑你在新的岗位上取得成功？有哪些缺点和不足会阻碍你的进步？”

亚当思考了好长一会儿，慢慢说道：“我觉得我是一名相当优秀的经理人，能给团队成员指引正确的方向。如果部下真能胜任，我也能放手让他们独立开展工作，我并不是那种眉毛胡子一把抓的领导。同时，我具备创造性的感知能力，也善于在其他人身上发现这种能力。另外，我还擅长品牌运营，能够对品牌的核心情感价值进行多维度地拓展。”他思考了一会儿，继续说道：“我计划学习更多节目方面的知识，我需要一名优秀的节目主管。尽管我已经在管理市场方面损益的工作但是我还需要深入下去，更全面地了解整个网络体系的财务工作全貌。”

我决定把对话推向更深层次。“还有其他的吗？”我问，“你觉得自己作为一个领导者的软肋在哪里？”他陷入更长时间的停顿。“我知道同事们觉得我有点傲慢，”他说道，“我也知道他们为什么会这样想。因为我太强势，反应太迅速，不给别人表达意见的机会。在绝大多数场合，我都是第一个发表意见的人。通常情况下，当我觉得自己正确时，也不太愿意听取别人的意见。我并不以此自豪，但是情况就是这样的。”

听到他能这样说，我太开心了。看起来亚当对他自己待发展的领域看得非常清楚，并不需要我过多“提词”，也没有回避心理或者自我辩解。更难能可贵的是，他能够很坦诚面对自己的不足。从我作为教练和辅导者的角度看，这是很好的开端。

在接下来的几年中，我和亚当一起工作时，我一次又一次地见证了他的这种自我“公正见证者”能力的价值。他能准确评估自己的自大倾向，这让他在日后的工作中保持了谦虚的态度，以开放的心态接纳我和其他人的意见。他努力在自信和倾听之间平衡，耐心地倾听别人的想法。之后，员工向他反馈了他们对他的看法：既决断又协作，将以往的强项和新学的技能做了一个完美的结合。

令人鼓舞的是，亚当还将他的这种中立客观的自我评价能力应用到其他场合。当他努力做一些事情，但效果不理想时，如推广的节目不合观众口味或者选择的人员不能适合团队的需要，他能很快认识到并承认自己的失误，也能很快采取措施加以改正。在团队成员工作非常出色时，他会及时给予赞赏和肯定。正确评价自己的长处和成功，与承认自己的不足和需要改进之处同等重要。因为，真实而客观的自我评价能够让你有效地运用起自己的现有优势，在有待提升的领域实现改善。

靠着心明眼亮的自我认识能力，亚当学得很快干得更好。实际情况是，在电视网络行业工作了 18 个月之后，由于在时尚先生网络及团队上的成功，E！网络总经理的职位也被他收入囊中。我能见证，他非常重视在运营时尚先生网络所积累的知识和经验。他像刚开始干这份工作时一样，一头扎进新工作，看自己还有哪些不明白的、有哪些需要学习的，一门心思只为在 E！网络运营方面取得成功。

管理自我对话

你也许想知道自己是否能准确地进行自我评估，并且想了解如果不能的话如何进行改善。幸运的是，无论是知道自己能否清晰地认识自我还是提高自我认知的准确度，都是相对清楚明了的事情。然而这件事情要做下去不容易（当你尝试去做时，你有可能遭遇到内心抗拒，不愿意看到和承认自己的缺点和短处），但方法并不难，也不复杂。如果你能坚持使用我即将和你分享的这些工具，你就会对实事求是地看待自己感到越来越自在。

想认清自己，就要从学会管理自我对话开始。这听起来或许是个新鲜事，人如何控制与自己对话？特别是如果你从未关注过自己的内心独白，这听起来更有点新奇。其实，每个人都在自己的内心深处，在日常的言谈和行为背后，持续进行着内心独白。另外一个很重要的事实是：你可以改变内心独白的内容。

在本书后面部分，我们将重点关注自我对话这一内容，所以现在我想让你花上一点点时间，去倾听一下此刻正萦绕在你脑海里的声音。如果你愿意，先不要往下读了。闭上你的双眼，倾听自己正在心里自言自语什么。这可能要花上几分钟的时间，但别着急安静坐下来直到你能听到。

好了，我们现在回来。你也许已经注意到，我们有些“内心声音”是非常良性的心理暗示。比如：“这本书非常有趣”“我想知道明天会不会下雨”“我的脖子有点疼”等。但往往也会有些声音没那么良性，你也有可能会“听”到这类不好的声音。这类“内心独白”通常包括一些对我们自己以及其他人不太准确和不太正面的表达，比如：“这个家伙就是个白痴”“我永远不会成为一名很棒的学习者了”“我的老板讨厌我”等。

意识到自己的内心正在喃喃自语些什么内容，是能够对其实施控制的第一个步骤。要有能力将那些不太正确的、没有帮助作用的、没有支撑作用的陈述，转变成正确的、客观的、有支撑作用的自我陈述。这是一种强大的能力。没有这种能力，我们就会被自己内心的声音所左右，向它妥协，被动接受它告诉我们的一切信息：我们自己怎么样，我们的处境如何，以及在我们周围的人怎么样。

刚才我们花了几分钟来倾听这个声音，其实在99%的时间里我们都听不见它。它是我们潜意识下对自己轻声细语的诉说，自己往往意识不到。因为它是在我们的大脑里，深藏在潜意识里面的一种宣传，因此即使所言不真，我们也会相信它所说的。比如说，大脑里面的声音告诉你，“我的员工愿意为我工作”，你有可能就会相信。如果这样的话，你就不会花精力去研究员工们的实际感受。除非你觉得这是个问题，不然，你就没有动力去改善它。在进行自我对话时，要对它进行认知、质疑、确认，不然很难中立客观地看待自我。

下面是在学习管理自我对话时需要采取的几个步骤：

- 识别
- 记录

- 再思考
- 重复

识别

管理自我对话的第一步是要能“听到”它。就像我前面所说的那样，在绝大部分时间，住在我们内心的那个小评论员都在不停地说啊说，但我们并不能清醒地认识到我们正在自言自语，更不用说确切地知道自己在说些什么。除非你能意识到自己的内心独白，否则就谈不上改变它。所以，你首先要做的一件简单的事情就是要识别出你正在自言自语些什么内容。比如说，我们假设你正在想某件你不想去学习的事情（但是你又有点怀疑，觉得自己可能还真有学习的必要）。你可能会听到你的内心声音是这样的：“我没有时间去学习怎么授权，我要坚持自己做下去。不管怎么样我都会把事情做得更好”。或者你也可能会发现这个内心的声音在对你的学习能力说一些令人吃惊的消极并且毫无助益的事情：“我对数字不敏感，但这里全都是些数”或者“学这些有什么用，我根本没机会做管理”。一旦你开始感受到大脑内的声音，自我对话的内容可能会把你吓一大跳。

记录

一旦察觉到自我对话的内容，就把它记下来。要寻求改变自我对话，这是我们首先要完成的一项很重要的工作。尤其当这是在一段时间内你反复对自己说的话（我们大部分人都有些不太有用的“心理上的循环播放录音带”）时，更需要记下来。记录下你的自我对话，可以把你和你的自我对话有效地隔离开。当你看到你记下的内容时，这些内心独白的内容看起来更像一些你可以改变的事情，而不太像是属于你个人本性范畴的内容。我们假设你写下了上面一段自我独白的内容：“我没有时间去学习怎么授权，我要坚持自己做下去。不管怎么样我都会把事情做得更好。”当你写下这样一段话的时候，你就能以更加客观的眼光来看待它，而不是自动接受它的正确性。当你把这些内容写下来以后，就很容易把其中不准确和不符合逻辑的部分识别出来。

在三十年前我刚刚为人母时，我记录下来的第一段消极的自我对话是这样的："我永远无法兼顾工作和为人父母这两件事情了"（对很多初为人母的女人来讲，这是一个很普遍的内心独白）。当我看到自己写下的这句话时，我的第一反应就是："这真是我所想的吗？哎呀，我可不想和自己说这些。我敢打赌，这甚至不是真的！"在我记录下并且读到它的那一刻，我就可以把自己和这段话分离开，使我足以质疑它的真实性。

当你学会识别和记录内心独白后，你就能更加清晰地看到这些消极独白对你的影响了。也许它更有可能让你放弃那些对你很重要的目标，让你对学习新知识的可能感到无望。

再思考

在你写下一段不够准确也不太能起支持作用的自我独白后，你就要早下决断看如何对它进行修正，使之更加准确、更能对自己有所帮助。这个步骤是管理自我对话过程的核心环节。你需要另起炉灶创作另一段自我独白来代替前者，这一次的自我对话要能取得你的信任，也要能带给你更积极的反馈。例如，如果你试着用一段过于乐观的自我独白来进行替换，就像“授权就是小菜一碟”之类的说法，但是因为你自己就不相信它，所以这也不会对你有什么用处，只能使你困在“授权”的难题中。所以，你要认真思考出比原来的自我对话更为积极、更为可信，也更能引发出显著效果的响应行动。比如，你可以想想如果这么说，效果会如何：“我知道学会授权可能要花一段时间，但是这样的话我就可以让我的团队成员分担我的一部分职责，我就能腾出更多的精力来应对更重要的工作，而且他们也会感到更有挑战性，会成长得更快。”

重复

就像养成其他习惯一样，管理自我对话也需要重复练习。一旦开始尝试行动，你就能体会到使用准确而有效的自我独白替代那些消极的自我独白是多么有用。下一次，当有类似的于事无补的声音再次在你的脑海响起时，你还需要自觉地这样做。就这样坚持不懈地做下去，这是养成新的思考习惯的必要过程。无论什么时候，只要发现自己陷进了一种于事无补的自我对话模式，不论是过于悲观还是过于乐观，你都需要用改正过的，更加现实、准确的自我对话对其进行替代。

试试看

我们在推进到建立中立客观的自我评价的第二阶段之前，我想还是有必要做一个实际练习，把你自己的自我对话从于事无补改正到更能发挥支持作用。

将注意力集中在第3章你选择的那件不想学习的事情上。关于这件事，写下一些你会对自己说的话。

选取一段你记录下的看起来特别没有帮助的自我独白。（就像，“我觉得学习这个特别有挫败感，因为它一点都不值得学”。）

现在对这些自我独白进行再思考，使之更加准确可信。将你这段新的、更有帮助的自我独白写下来。（比如，“我不知道会不会有挫败感，我到现在还没有真地尝试过”。）

试着将你改正过的自我对话对自己说一遍，感受一下。你是否相信这些内容？如果不信，那就需要对其进行重新思考，使之更加可信而且能起到支持作用。当你以一种更加积极的方式回应这种局面时，你就会明白自己已经能够成功地管理自我对话了，你开始感觉更加良好，并且行为方式也发生了变化。

成为自己的公正见证者

管理自我对话已经是你的新工具了，现在我们把这一新工具具体应用于提升你进行中立客观的自我评价的能力。你将学习如何成为自己的“公正见证者”。“公正见证者”这一表述来自罗伯特·海因莱因（Robert Heinlein）的著作《独在异乡为异客》（*Stranger in A Strange Land*）一书。在书中，海因莱因创造了“公正见证者”这样一个角色。书中一名叫犹八（Jubal）的角色努力把公正的见证这一概念解释给书中名叫迈克尔（Michael）的主人公。迈克尔对此很难理解，所以犹八邀请了一名妇女作为其“公正见证者”来帮忙示范。犹八手指远处的一处房子（他们正一起站在户外），问道：“那间房子是什么颜色?”女人回答道：“朝着我们的这边看起来漆成白色了。”

这就是“公正见证者”要做的事情，在海因莱因的书中是这样来描述这类人的：他们训练有素，受法律约束，当需要发挥这种公正见证能力的时候，他们只根据自己当下的直接感受说话。他们不能恣纵自己的投机心理，不能对事实数据进行择优挑选，不能把自己的愿望当事实来表达，也不能对自己不愿其真实存在的东西视而不见。换句话说，人在对自身进行评判时常犯的那些错误，他们都必须注意避免。

因为作为“公正见证者”意味着尽可能做到客观和准确，因此以“公正见证者”的角度来看待自己，是我所知道的最好的提升中立客观的自我评价水平的方法，由此也能使你又快又好地学习新事物的能力得到提升。

现在，你在这方面面临的问题是：你对某件事情越投入感情，你就越难完全客观地去对待它。这就意味着“公正见证”自己的长处和弱点，以及准确对自己的长处和弱点进行理解和判断是有难度的，因为我们对自身投入的感情肯定超过对生活中的其他任何事情。比如，我相信你也已经注意到了，清楚地看到别人的问题并给出一些好的建议，要比发现自身的问题并找到最好的解决办法容易太多了。

还记得我们在本章开头讲的关于自我欺骗的那些内容吗？那些实际上专业水平处在最后10%的可怜的大学教授们，在工作上比90%或更多的同事表现得更差，但他们太想相信自己能胜任自己的工作了（也许还担心将来自己也难以在现有的基础上有所改善），因此他们根本就难以成为对自己的教师这一专业身份的“公正见证者”。这种情况就叫感情牵绊。

好消息是，成为自身“公正见证者”这一相当艰巨而让人难受的任务可以在我们的心中静悄悄地完成，因为这只和改正你的自我对话相关。以下是实现这一转变的步骤。

成为自己的公正见证者

- 识别和记录你在自己想进一步学习的某个领域目前所具备的优势和劣势

- 然后问自己，我的自我对话准确吗？

- 在你不太确定的地方，问问自己，对我在这个领域的表现，我已经掌握了哪些事实情况？

- 根据你的答案，重新思考自我对话的内容，请将其改正得更准确

通过问自己“我所说的准确吗？”，你开始质疑自己那些未经验证过的假想。在回答问题的过程中，你会发现自己正在思考，比如你会这样来回答：“嗯嗯，我不太确定这些内容准不准确，也许它只是我的一厢情愿，或者感觉这是处在我目前这个位置上的人应该有的能力。”

如果问第一个问题能够引起你对最初设想的质疑，那就接着问第二个问题，“对我在这个领域的表现，我已经掌握了哪些事实情况？”你这是鼓励自己在进行自我评估时，做到更加客观和中立。你正努力做到像“公正见证者”一样看待自己，更加依赖于真实的数据和观察到的结果（而不是凭主观愿望和忧虑），来形成对自己的结论。

这里有个实际的例子，我最近刚开始辅导一名高级管理人员，有人告诉我他经常恐吓他人。当我们聊到这个话题时，他说：“这太滑稽了，我真的非常友好，非常平易近人。”说这话时，他明显感到非常沮丧。

我问他：“你不认为自己会恐吓他人？”他点点头。“可我还是想给你几分钟的时间，希望你再仔细考虑一下，你的自我评价是准确的吗？”我继续问道。

他马上就想答话，可又及时刹了车。我看到他陷入了沉思（我们已经开始进行自我意识方面的辅导了）。“我一直告诉自己，我是个平易近人的人，而不是那种必须让人人都臣服的领导。”他缓慢说道。（“告诉自己”这几个字泄露了实情，说明他承认他的自我对话。）

“那么，在这方面的行为表现上，你有哪些实际行动呢？”我问道。

他用手托起下巴，眼睛向下看着地板，开始进入深层思考而没有按照原先的想法仓促回应。“好吧，我经常会和身边的人开玩笑，他们看起来也很喜欢这样。”他继续想了几分钟，“但是，你知道，在我不喜欢某些看法的时候，或者事情的进展不如我的想象时，我可能会比较生硬地拒绝掉。”

“生硬，这意味着……”我问道。

他看起来有点因为歉意而尴尬：“好吧，我可能会比较大声。也有点对别人不屑一顾。嗯，我能感觉到这可能是有点恐吓的味道，毕竟我是老板。”

瞧，中立客观的自我评价出现了。

你也可以与自己进行相同类型的对话，而且，我在前面说过，当没有其他人在房间里时，你明显不会那么尴尬。让我们试一试吧。

试试看

注意力集中到你在第 3 章中选择的不想学习的那些题目或技巧上。评估一下你在该学习领域的优势和不足，并记录下自我对话内容。

回顾一下你所写的内容，并问问自己，内容准确吗？圈出任何你怀疑有可能不准确的地方。（比如说，当我做错事情时，我会主动承认错误，这没有任何问题。）

现在，问问自己，在这个领域内，我掌握了哪些客观情况？（比如说，我可能想到好几种这样的情形，当我犯错时，我不承认错误，或者会找借口）。

在最初想法的基础上，再仔细斟酌自我对话的内容，想出更客观的表述。（比如说，通常情况下，当我犯错后，主动承认错误对我来讲有点困难。）

当你完成了以上所有动作之后，得到的结论可能会让你大吃一惊。你也许会发现你和几分钟之前不太一样了。可能发现自己具备了以前没有意识到的能力，也可能发现在某些领域没有自己想象的那么熟练或胜任。

管理自己看到某件事情后的反应

你也许还会发现，在自我对话之后，在我们的意识中还会出现“第二次自我对话”，这是你对自己所发现的内容做出的“内部评论”。例如，如果你发现了起先未被认可的某种能力，你内心可能会对自己说：“嗯，我猜我原来就已经在大家面前展示出了出色的演讲能力，这下我可放心了。”然而，如果你开始承认自己在某方面比预想的要差，你可能会注意到有些自我对话反映了我们在本章开始讨论过的那种核心恐惧。那就是说，当你意识到自己在某些方面不太擅长，你的自我对话可能会断言你永远也不会精于其事。就像这样：“唉，真是太尴尬了，我一直感觉自己好像很在行的样子，其实可能永远也难以登堂入室。”

你同样也可以管控好此类自我对话。当我们发觉自己并不像想象的那样有能力或精于其事时，感到尴尬、沮丧、紧张或失望是不可避免的，但这并不要紧，甚至不无好处。因为对你的优势和劣势做一个“公正见证者”固然很好，而以“公正见证者”的身份观察自己伴随这些优势和劣势而产生的心理感觉同样不差。但问题是我们的自我对话经常雪上加霜地去进一步预测各种各样的负面结果，包括最悲观的预测：“我已在目前的能力水平上‘死定’了，再不会有进步了，可能永远也不会精于其事了。”更遗憾的是，这些回响在我们大脑中的声音所说的事情统统都犹如真的会不幸降临一般，所以我们倾向于相信这些负面的预测，更有甚者还感觉这是对自己中立客观的通告和提醒。

当然，你也可以把刚刚学会的技能再次应用这个场景里。你可以对这“第二次自我对话”进行再思考，使之成为更加“公正的见证”，更加能够发挥支持作用。比如，你可以对自己说：“坚持住，我以前学会过很多事情，我这次也很有可能征服这个难题。”这样的自我对话就会更加准确，也更有支持力度（我们会在第 7 章仔细讨论关于“自我信念”的“自我对话”，现在我只想再次向你担保，当头脑中冒出“我永远不会进步”之类的想法时，千万不要信以为真）。

这些都是如此简单而有力的工具。大部分人们都忽略他们自己也能进行自我对话的事实，但通过这一部分的学习，现在大家对此已经算是心知肚明了，你们已经完全能为了自己的利益，管控好自己的内心独白。

“镜子”的威力

即使是非常有自我意识的人也不能全盘看清楚自己，比如说：我们可能认为自己很擅长某件事，其实这仅仅是因为自己还没有遇到比自己更擅长的人，或者是因为并没有真正搞清楚所谓擅长此事需要包含哪些要素。我们也有可能犯下背道而驰的另外一些错误：对什么是“好”设定一个不切实际的高标准，从而无理由地妄自菲薄。因为要做到完全客观地评估自己很困难，特别是在进入新的领域时。所以，我们还是需要借助外力来帮助我们，以形成更加客观、准确的自我意识。

我以前的商业合作伙伴曾经说过，“反馈就像早餐、中餐、和庆祝胜利的晚餐”。他的意思是，听取别人的意见反馈是我们取得成功的关键。对这一点我很认同。只要我们开放心态去倾听，只要我们得到的反馈是准确的和有的放矢的，就一定是大有裨益的。

一旦你学会了通过管理自我对话来提高中立客观的自我评价

能力，就说明你已经学会了“敞开心扉去倾听”这个能力。接下来我们要关注的是“准确而有的放矢”的能力。

当你考虑需要从谁那里得到反馈时，我这里有三个重要的标准供你参考：

好的“信息源”

- 很了解你
- 希望你好
- 愿意诚恳地反馈

这三项中每一项都同等重要，不能厚此薄彼。比如说，在你的生活中可能有人对你很支持，并且愿意真诚分享他对你的看法，但他没有透彻地了解你。我认识的一名水平不太高的管理者，在我看来他作为领导有一些明显的不足。他通常只把他妻子和长期共事的教练作为信息源，遗憾的是，这两个人也并不了解其他人对他的看法，他们也不承认他的某些不足。结果是，他得到了大量的反馈信息，但这对于他更加客观地评估自己却并没有太大帮助。

还有另外一种可能：有些人很了解你，也愿意诚恳地反馈对你的看法，但他们并不希望你好。可悲的是，这样的人真的存在。他们的反馈也许比较准确，有可能是通过某种方式或在某些场景下表达出来的（比如在公司内部的大型会议，老板和所有的同级都在场的情况下），他们这么做无助于你取得成功。

最后一种情况是：有人很了解你，也非常希望你好，但就是不肯跟你说实话。这种情况是我们在实际生活中遇到最多的，我相信你也遇到过。我们都有一些对我们很了解，也希望我们获得成功的朋友和同事，但是当要他们说出我们的缺点和需要改进的地方时，他们就选择临阵退缩了。我遇到的一个司空见惯的情况是：人们经常愿意在我面前发表对另一个人的看法，这有可能是同事或者家人，这些诚恳的意见和看法真地能帮助别人更清楚地看清自己。这时，我一般会问："你有跟那个人分享过你的看法吗？"我得到最多的回复（通常会面露难色）是："好吧，没有，因为我不太确定他（她）是否愿意听。"

大部分情况下，人们之所以不愿意分享最诚实的反馈意见，主要是难以预料对方听到意见后的反应。这时候我们需要改变自己的反应机制，把自己变成一个容易接受甚至是最难听的反馈的人。在我分享具体的方法之前，希望你先能找到一些适合你的信息源。

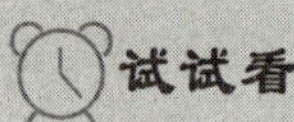

再次将目光聚焦到你不想学习的主题或技能上。找两位在这个领域非常了解你的人，就是说能准确、全面地了解你的特长和不足，并且愿意你变得最好的人。

为坦诚反馈搭台

想想平时生活中你跟谁在一起的时候，会表现出最坦诚的一面。是什么让你能够直言不讳地告诉他们那些对别人难以开口或者不讨人喜欢的事情？如果你跟大部分人类似的话，那么你很有可能是去跟那些能完全接受你说的内容，而且不会做出负面反应的人，分享那些残酷的事实。比如说，想象一下你去跟一名同事说：“因为你没有兑现你的承诺，没有反馈给我们那些信息，导致我们难以在最后期限之前完成工作。”如果他听你这么说，还没有打断你，然后像这样解释：“真的很抱歉，我不知道我的信息对你们能否按时完成任务影响这么大。”听到他用这样一种开放而非抗拒的方式回应你，你就会更愿意继续对此人坦诚相待。相反，如果他的反应是这样的：“嘿，我也很忙啊。再说了，我也没义务为你们工作的最后期限负责！”遇到这种情况，你是否还要继续对此人坦诚相待，那我要打个问号了。

所以，在你选择信息源的时候，如果你想要对方对你坦诚相待，你就有责任让对方能愉快地和你说实话，能从你这里得到酬赏。（就像我们在关于激发渴望那章中所说的，如果人们看到对你坦诚会有所收益，他们自然就会这样去做！）

要想变成一个从谏如流的人，换句话说，要想充分利用好你的信息源，以使自己有机会提高中立客观的自我认识能力，下面是我所知道的最好的方法。

当你深入挖掘你的信息源时

- 提供交流机会（情景）
- 邀请并消除疑虑
- 仔细聆听
- 道谢

提供交流机会（情景）

首先要让你的信息源知道，你为什么要邀请他们分享对你的看法。这可能比较简单，你可以这样说：“我想在社交媒体营销方面懂得更多，变成专家。我感觉在这个领域你能很清楚地看到我的优势和不足，你的意见对我很有价值，我知道你愿意帮助我进步。”

让别人知道你为什么想得到他们的反馈，能明显降低他们的焦虑感。想象一下另外一种情形，你径直走到你的信息源面前直接问他："你觉得我在社交媒体市场方面怎么样?"我只能够想象此刻在他的头脑中会进行多么狂风暴雨的自我对话（他这是要干什么？我说过什么不该说的话吗？我真的要说实话吗？如果让他不高兴怎么办？等等）。所以，让你的信息源知道你为什么要问这些问题，你想得到什么，就能打消他们的疑虑，让他们能畅所欲言。

邀请并消除疑虑

当你已经让你的信息源知道为什么你需要他的反馈，并且向他们保证你真的会坦然接受，那就可以把问题清楚地提出来。也许你可以这样说："我真想知道你怎么看待我在这个领域的优势和劣势，我保证不管你说什么，我都不会生气！"我们发现，人们之所以觉得丑话难说，主要原因是害怕可能引发的负面结果。他们担心被反馈的人会生气、伤心或者排斥，或者这有可能会破坏他们之间的友谊。明确的邀请将打消对方的主要疑虑，让你的信息源更有可能分享他们关于你的真知灼见。

仔细聆听

在向你的信息源保证之后（接下来是个艰难的部分），你就必须履行你的保证。即使别人评论你的内容，你认为不正确，或者评论的内容让你觉得不舒服，甚至引发了你心中连珠炮一样想要抗拒、争辩、评理的自我独白，你还是要听下去。在这个过程中，要识别自己那些于事无补的自我对话，要对其进行管控，可以这样对自己说："我真地想让这个人知道，我能接受他的这些反馈，这样他就能继续保持直言不讳、以诚相待。"

如果在听的过程中写下一些关键点，就能帮助你不至于脱口而出那些此刻正在你头脑中盘旋着的解释性的或者抗拒性的反驳意见，所以请做笔记吧！对你的信息源所说的看法，以及形成这种看法的原因要保持好奇心（我们会在下一个章节讨论如何保持好奇心）。适当的时候向他提问要求澄清一下，或者进行阶段性的小结，以确保真地理解了他说的内容。请记住，一定要听深刻、听全面、听透彻！（如果你觉得在深度聆听方面还需要更多的深度支持，你可以去参考我的其他书籍，我在这些书中对聆听有深入的讨论。在《培养出色员工》（*Growing Great Employees*）这本书的第一章和在《这样领导员工会追随》（*Leading So People Will Follow*）最后的附录中都有介绍。我认为聆听是一项基本的也是通用的技能，在学习或者其他情景都是需要的，所以我对此问题着墨甚多。）

道谢

当人们鼓起勇气、克服内心的忐忑，坦诚地反馈你的长处和短处，这样的人值得你说声谢谢。他们是冒着感情冲突的风险，来诚实地给你提供反馈，而且还要费时费力地把自己的意见尽量表达地清晰圆满，以便真能对你有所裨益。此外，除了这一原因之外，基于另一个原因你也应该谢谢他们：你的道谢能激发他们的积极性。当你真诚地向某人道谢时，他们会觉得很愉悦，极有可能会再次做这样的事情。（回想关于激发兴趣那章的内容，收获感谢也是一项益处。它会让人们愿意继续为你敞开心扉，开诚布公地反馈。）在你为人们的坦诚真诚道谢时，你就为更进一步的坦诚交流奠定了基础，同时他们的反馈意见也更有可能帮你提高中立客观地进行自我评估的能力。

试试看

花几分钟的时间，考虑一下如何向你的信息源请教你在某一还不想学习的领域有何长处和短处（我希望通过这两章的学习你已经开始学会改变了）。

写下学习主题：

你会怎样提供交流机会（情景）？

你会怎样邀请并消除疑虑？

什么样的自我对话有助于你确认自己能静心聆听信息源的反馈？

现在你已学会了好用又简单的评估自己优势和不足的工具，在建立中立客观的自我评价的道路上又进步了。

你可能还需要另外的例子来理解中立客观的自我评价在你学

习和实现成功的过程中，是如何作为一个重要因素发挥作用的。那你可以参考下面的案例：埃里克·哈特（Eric Harter）是维斯塔技术方案公司的CEO，这是位于肯塔基州路易斯维尔市的一家公司。埃里克·哈特主导了一项针对健康服务类公司 CEO 群体的研究，目的是调查管理层的自我意识对公司业绩的影响。

哈特研究的这些健康服务类公司的CEO，近十年其公司都有不错的财务业绩表现（主要通过财务报表、公司资产负债表和资产回报率来体现），并将它们与同时期那些财务表现糟糕的同行进行对比分析。他对比了所有 CEO 的十项领导能力自评以及下属对他们在这方面的评估，包括诸如自信、共情能力等方面。他发现，那些绩效表现最好的公司的 CEO 在自我评价方面得分也是最高的，而绩效最差的公司的 CEO 在自我评价方面的得分也最低。特别是那些来自绩效最差公司的 CEO 几乎很少能有中立客观的自我评价。这些 CEO 在评估自己的领导力时，在十项领导力选项中的七项都给了自己最高分，但是他们的员工却在相同的能力评估中给了他们较低的分数。相反的情况是：高绩效的 CEO 对自己的评估与员工对他们的评估结果差不多。

这项研究结果与我们过去 25 年作为教练和咨询师的经验完全

吻合。当管理者具备很强地进行中立客观的自我评估能力时，他们就可以更好地发挥自己的优势，也能够在需要改善的领域取得长足进步。通过对自身基于事实的客观评估，在面对新的学习挑战时，他们认清自己所处在的学习曲线的位置，并能掌握新的学习方法。

这些高绩效的管理者，就像米开朗基罗和我的朋友兼客户亚当一样，作为一名学习者在开始学习时了解自己越清楚，就能越轻松地开始学习，也就能走向更远的未来。

理想激情为你提供开始新的学习征程的核心动力，中立客观的自我评价让你能看清自己在征途中的位置。好奇心带来的冲力则能让你更深入地挖掘和理解事物的本质。

CHAPTER 06

无尽的好奇心：不应只属于孩子

当需要设计一种工程结构来解决他们遇到的问题时，米开朗基罗还是要发挥他自己的聪明才智。当他意识到如果搭建一架从地面一直到天花板的脚手架，不仅耗资十分巨大，而且很可能不太稳固也很不安全时，他开始思考能相对牢固而且安全地把团队人员送到层顶去的其他方法。在好奇心的驱动下，他最终设计出了一款创新型的脚手架结构，这是一个可移动的平台，平台的支架插入到事前在墙上打好的洞中，在工作完成后这些小洞会被重新填上，恢复墙体原状……

是的，这就是好奇心

好奇心就像策略和聆听这类事情一样，我们对此讨论很多，也一致同意这是好东西，但除此之外，我们对其实际含义以及如何才能做到却意见不一。我经常听到管理人员这样说：“我对此十分好奇。”但是当我随后观察他们的行为，我意识到他们认为“感到好奇”意味着两个方面：要么是想对自己负责的事情巨细无遗、全部掌握（遗憾的是，在通常情况下，这意味着这个管理者是那种没有重点，眉毛胡子一把抓的人）；要么是对某一些事情怀着太过浓厚的兴趣（比如对古董汽车，或者私人定制的鞋子之类）。

当人们说到好奇时，另外一层意思他们鲜有提及，那就是：“我对某件事的运转规律以及可能的发展走向很感兴趣，因此我完全愿意投入进去，只为发现更多，也让自己的技能提升更多。这对我来说才是真正的好奇心：一种深刻而持续的想去理解、想去掌握的自我需要。”

我实际看到的是，尽管我们口头上说很好奇，但往往言行不符。实际上，在我们长大成年后，总有一些隐形的社会压力让我们难以保持好奇心态。至少在众人面前，我们总是装出一副波澜不惊的样子。我刚与某人聊过他前几天参加过的某次会议，会议主题是由一名女同事介绍其经手的那部分业务，这些内容对他来讲是全新的。他告诉我他很想多问她一些关于业务的问题，但是他没有这样做，因为，用他的话说“不想看起来像个傻子”。

所以，尽管我们常常说好奇心是一种美德，但在行动上却反其道而行。这就是当我们面临新的学习任务和想在这个变动不居的世界中保持生机时，自身所面临的一个大挑战。

好奇心与生俱来

尽管在成年之后，我们的好奇心绝大部分会被社会同化，但请你记住，好奇心是正常人与生俱来的特性。我们是带着去理解和去掌握的深切需求来到这个世界上。事实上，我前面提到过的约翰·麦地那（John Medina）对人脑及其学习能力做过十分有趣的探索。他在《大脑规则》（*Brain Rules*）一书中，对婴儿和小孩子的好奇心是这样说的。

让我们走进婴儿的内心世界，探究一下驱动其思维过程的引擎以及激发其智力活动的燃料。这种燃料的成分之一就是清晰的、高"辛烷值"的、不可抑止的求知欲望。婴儿出生后，深切渴望了解周围的世界，不间断的好奇心驱使他们贪婪地探索这个世界。这种寻求解释的需求被如此强烈地"缝进"他们的感官体验之中，因此有些科学家将这种力量描述为像饥饿、口渴和性一样的本能需求。

我十分喜欢这个假定，好奇心就像饥渴一样是婴儿们的本能需求，它完美地诠释了我们作为个人以及作为一个物种，好奇心在争取成功方面的重要性。试想一下：本能需求是与我们每个个体同生共在的先天冲动，在意识选择的程度之下，因为这是我们生存的关键基础。如果婴儿不进食，就会死去；如果不喝水，也会死去；我认为如果婴儿没有好奇心，也会死去。也许没有那么快，但久而久之就难逃厄运了。如果婴儿不去想办法学会怎样移动、走路、说话、吃东西、与其他人沟通、操控物体等技能，就将难以生存下去，而这些技能都需要通过好奇心来获得。综观人类历史，在婴儿期或蹒跚学步期好奇心越强的人，也就能更快学会那些有助于实现自身全面发展，能为部落有所贡献的必备技能。

如果你曾经有长时间与婴儿和小孩子在一起的经历，你就会明白我在说什么。从出生时处处依赖他人，到学龄时已经拥有可观的身心技能和独立性，顽强的好奇心是帮助他们成长的重要力量。如果你观察过一个 18 月大的小孩，就会发现，他能在长达 20 分钟的时间内，只想一遍又一遍玩同一个简单游戏（就像搭建一个积木钟塔，然后再推倒它），而你会发现他一次比一次玩得好。或者如果你经历过被一个 3 岁小孩，连珠炮似地问 “为什么……”“如果什么……”以及“怎么样……”之类的问题，你就会知道这就是无尽的好奇心在发挥作用。

如何找回我们的好奇心

我们的好奇心是何时失落的？还有，更重要的是，我们更想讨论怎样才能恢复在孩提时代拥有的无尽的好奇心，并依靠好奇心的力量成为一流的学习者。

请原谅我这个不太贴切的比喻：好奇心就像一团火焰，当我们年少时，它会热烈燃烧。在我们成大之后，它就慢慢熄灭了。部分是因为我们已经不再像婴儿时期那么需要它了（或者在少年时代就已经没有了），部分是因为社会上的那些权威角色——管理者、老师、父母和老板，他们绝大部分并不鼓励我们保持好奇心，认为这是无效率又/或不顺从的行为。但是我发现，几乎所有人的好奇心的火焰都从来没有完全熄灭过，而且还能被重新点燃。下面来介绍好奇心是如何发挥作用的。

重新拥有无尽的好奇心

- 发现自己好奇心的“火花”
- 通过自我对话和行动煽旺火焰
- 每天为好奇心的火焰添柴加薪

发现自己好奇心的“火花”

几乎每个人在其一生中都会经历一些他们感到趣味盎然的事情（哪怕只有一件）。就到这些事情中去找回你尚未熄灭的好奇心的“火花”吧。对我们大多数人而言，兴趣爱好是我们寻找这些“火花”的首选之处。深爱的喜好是好奇心表述的完美媒介。尽管我们没有由此收获财富，我们还是花大量时间和精力去探索它们。我们很享受这个努力的过程，并且当我们表现出缺乏经验时，也不担心会有其他人“认为我们很傻”。当它是我们的爱好时，我们就会保持好奇心。我们想知道得更多、理解得更深、掌握得更好，尝试去弄明白它们是如何运转的以及为什么会这样。在本章的后面，我们会练习找到你自己的好奇心“火花”并且熟练运用，这样你就可以将这些“火花”转移到其他的学习领域。

通过自我对话和行动煽旺火焰

这是唤醒童年时代好奇心的第二步，在此之前，还需要依靠我们前边已经开始探索过的一件事情：认识和管理自我对话。你需要运用积极的自我对话去替代那些阻碍好奇心激发的负面言语。随后，你将要学习怎样继续纠正自我对话，让它更能激发你的好奇心，并设计一些实际行动去满足你的好奇心。通过这种激发好奇心的自我对话和实际行动设计，你能够在想要和有必要去“了解和精通”的领域神奇地加速学习。

每天为好奇心的火焰添柴加薪

这是唤醒童年时代好奇心的最后一部分。为了能够在这个快速变化的时代生存和发展，你必须把好奇心作为你能从中日日受益的事情。把保持好奇心当成日常的习惯（而不是偶尔地在某些兴趣爱好或主题上保持）就是向着成为未来自己的方向前进了一大步。保持好奇心能让你拥有开放的心态，始终保持韧性、怀有希望，勇于面对新事物而不是绕道而行。这就是对当今世界的理想的回应。

无尽的好奇心看起来是什么样子

当我一开始与黛博拉·图内斯（Deborah Turness）共事的时候，她刚担任 NBC（美国全国广播公司）新闻公司总裁还不到一年的时间。在我为我们之间的初次见面做准备的时候，我意识到真是难以想象还能有哪份职业会比她从事的这份职业，更会让人在无边的学习海洋里抓狂。她貌似是美国第一个执掌新闻网络运营的女性，她不但在英国和欧洲有职业生涯的光辉履历，还承担过为 NBC 设想未来发展规划，并领导实施的重任。这是一家受人尊敬并且获得了长久成功的企业（《今日秀》《NBC 夜间新闻》《与媒体见面》等都是 NBC 的知名节目），她接手时正面临着剧烈的变化。在处于变化中的媒体世界里，新闻节目需要应对更快的变化，因为消费者正快速转向对数字实时节目的消费，每家电视新闻媒体都面临着巨大的压力，不知道如何去转变自己的商业模式以适应消费者的喜好，同时继续保持盈利。

头次会面，我对黛博拉的第一印象是睿智、精力旺盛，而且好奇心强烈。她正考虑让我做她的管理教练，而且对这一过程非常感兴趣。她在英国工作的时候也与教练共事过，所以想知道我们的方法和她之前经历过的有什么异同，我们的工作内容有哪些，我们会如何保持沟通。她问了我很多问题，这可不是些隔靴搔痒的泛泛之问。而是像下面这样的问题，“你怎么了解一个人是不是最大限度地利用了教练项目？”这是基于好奇心的问题，能够帮助她更好地理解和掌握。同时，她也会仔细听取我的反馈。当人们是因为好奇而发问时，他们通常情况下会对答案非常感兴趣。在我看来，好奇心是真正学习的必要驱动力，因此，这意味着我们的关系发展有了一个好兆头。

我们一起合作几个月之后，我发现黛博拉的好奇心在她工作的各个方面都有体现。这让她变得很容易辅导，因为一旦她不明白或不知道怎么去做某件事情时，通常会表现出孩子一样的求知欲。她不怯于向我或者她的员工提问："为什么会发生这样的事？"或者"这件事怎么做更好？"或者"我想知道我们是否可以……"与提问一样重要的是，她会采取行动去追寻问题的答案。

举个例子，有一次黛博拉问自己："我们怎样才能帮助我们所有的记者，在这个不再以电视为中心的新闻世界里做得更好？"（"我们怎么样……"是一种很不错的基于好奇心的问题，关于这点我会在本章后面部分更详细地讨论。）随后她继续通过向他人提问来深究这个由好奇心主导的自我对话，并且开始尝试可行的办法。通过不断提问，一个重要的变化出现了：黛博拉聘请了一名高级副总裁负责 NBC 新闻的编辑工作，以前是没有这个职位的。这名副总裁的工作内容之一就是：将记者们召集到一起相互学习，找到在目前新的新闻媒体格局之下有效的突围之道。如何在确保记者们坚持正直客观的职业操守这一前提之下，获得必要的资源和支持，以便取得成功。

我也目睹了黛博拉的好奇心帮助她度过一系列危机，并取得逆转。因为网络新闻在美国受到高度关注，因此可能出现的危机会在公众视野中引起轩然大波。比如，她和她的老板注意到一个行事高调的新聘人员正在以与公司利益不符的方式行事，他们不得不尽快决定，是不是要让此人开路走人。在决策之前，黛博拉默默地收集了几个她信得过的管理人员的意见。我注意到她是抱着好奇心去解决这个问题的，而不是刻意去维护一个先入为主的假设。那就是，她没有一开始就有目的地对此人罗织罪名，而是由衷地想搞清楚发生了什么问题，这件事有什么影响，这样她就可以做出最优的决策，避免可能带来的负面效应。

我还注意到好奇心给她带来的另一项好处。当黛博拉刚来公司的时候，NBC 新闻公司的员工在长期的工作中已经形成了稳定的套路，而且他们又都头脑聪颖并且深知组织意图，因此并不觉得另换套路会多有吸引力。事实上，他们当中的很多人花费了大量的精力把维持现状当成头等大事，而不去想这需要什么样的改变。但黛博拉的好奇心点燃了他们的好奇心，越来越多的人加入到她日渐雄壮的阵营中来，开始这样提问：“为什么不……”以及“如果那样……”以及“我们怎么样能……”员工开始主动动脑工作，这些都预示着公司美好的未来。

发现自己好奇心的“火花”

在我们继续之前，先听我说一句。你可能已经是一个充满好奇心的人了。你可能每天在处理新的问题时，总是一门心思想发现更多、理解更深，想找出新的以及更好的应对这种局面的办法。可能你已经是一个对在生活之路上出现的任何事情都抱有永不餍足的好奇心的人。真是这样的话，我要恭喜你。如果不是，就让我们帮你再找回那与生俱来的、永不止境的好奇心吧。

在前面我提到过，我们所有人在这一生中都对某件事情感到过好奇。据我观察，我们常常会在兴趣爱好上花费大量的精力和表现出热烈的好奇心。举例说明，有名女士的兴趣爱好是跳交谊舞，她晚上参加舞蹈课程，去参加各类比赛，在 YouTube 视频网站上欣赏一流舞者的舞姿。她也有可能去读关于交谊舞历史的书籍，在购物网站翻来覆去地找出哪种舞蹈鞋更能让她展现出优美的舞姿以及原因，讨论哪种舞蹈风格更加优美或者潇洒，去向高水平的人请教如何去做练习，以及如何克服进阶过程中的各种障碍等。简而言之，她会想尽一切可能的办法去探索交谊舞，目的就是为了了解和精通它。她对交谊舞的好奇心已经到了痴迷的级别。

一旦你发现自己内心还尚存好奇心的火苗，你就可以将这些火苗燎原到其他领域。那就是，观察当你对某件事情感到好奇的时候，你对自己是怎样说又是怎么做的。当你想对其他领域也变得如此好奇时，可以把这些想法和行动移植过来。让我们来尝试一下。

试试看

你感到好奇的主题是什么？（如果你表现出了我在前面提到的围绕某一主题出现的一些行为，那就说明你对这很好奇。）

回想一下当你花时间探索这个题目时的感觉：这种感觉是怎样的？（比如说：兴奋、快乐、精力充沛、感觉有挑战、或者很满足。）

关于这个主题，你内心开展的自我对话有哪些内容？（比如：它的工作原理是什么？或者我想知道我可不可以做这件事？）

最后，自我对话之后你会采取哪些实际行动？（比如说：阅读更多的书籍，提更多的问题，尝试一些新的东西，找到你的老师，加入一个与之相关的组织。）

做完上面的练习后，你就能知道内心的好奇心看起来和感觉起来是什么样的了，你可以把这些“火花”转移到其他你还不太好奇的领域，并开始坚持每天为这些珍贵的好奇心“火花”添柴加薪，让它帮助你点燃在这些领域的学习激情。

煽动自我对话和实际行动的火焰

我不太确定蹒跚学步的孩子有没有自我对话的过程，我想他们大脑里面有什么就会马上说出来。这一点与长大之后有些不同，长大之后我们通常是先悄悄在内心跟自己说，再往外说，或者就不会大声说出口。这里有很大一部分原因是，我们在长大成人的路上经历了社会化的过程。我们懂得了这样对一个人说话是不被社会所接受的，“你皮包骨头，还有个很搞笑的鼻子。”也许我们在四岁的时候这样说过别人，长大后虽然再也不会这样做了，但在内心里依然可以放言无忌。

除了那些我们虽然内心有想法但决定不说出口的事情外，我们成人后的自我对话通常也包含着我们对自己和身外世界的看法和自警，这都是在成长过程中从父母、老师、朋友以及那个年代的媒体中得来的。就像我们在前面的章节所说的那样，一旦你开始认识和管理自我对话，就会注意到这些问题。比如说，在我二十多岁的时候，我开始有意识地练习自我对话，我发现这些有用的或没用的事情都可能会从他人身上传递到我自己这里，就像“漂亮女人都比较笨，不要漂亮要聪明”（遗憾的是，这是我母亲大人对我的安慰），“你可以成为任何想成为的人”（从父亲那里，我获得的最大的激励），以及“如果你只是一直在说，你就不会发现任何有价值的东西”（出自一名智慧又尖酸的大学教授）。

就像我们在最后一章会详细讨论的，将自我对话内容带入到你自觉的意识中去，你就能够吹糠见米，识别出、保持住能为你服务和能支持你的内容。剩下的要么直接放弃，要么再仔细思量一下。

这就是我现在鼓励你开展的“有好奇心的自我对话”的内容，当你对你好奇的内容开始进行自我对话时，你心中涌上来的想法和反应可能是这样的：

这个工作原理是什么？

我想知道我可不可以做这件事？

为什么这样的事情会发生？

我怎样能发现更多？

它为什么不像这样呢？

我想知道如果我去尝试会发生什么情况？

你可能也会注意到以下这个规律：在过去的这些年，我发现，不论是从那些一流的学习者的事迹中，还是从我自己作为习者学习工作领域技能的经历看，这些充满好奇心的自我对话总是这样开头的，“为什么……”“怎么样……”或者“我想知道……”这三种提问式句子的背后，就是想了解和精于某事的内在需求在发挥作用，驱使我们不断去刨根问底，追求事物的本质。

在普林多斯公司工作期间，我们也同样注意到（包括我们自己和客户）那些我们称为“没好奇心的自我对话”，它们的声音往往是这样的：

太无聊。

谁在乎？

我早就知道这些了。

没有什么用。

看起来好傻。

我无所谓，哥们。

如你所见，他们的心理状态就是：兴味索然和不屑一顾。

也许你已经猜到了，要把好奇心之火煽旺，就是要在你想学习或者需要学习的领域，把你的自我对话模式从“没好奇心的自我对话”切换到“有好奇心的自我对话”状态。

让我们回顾一下在第 4 章关于“内心渴望”中所举的事例：我的图书管理员朋友罗恩，他不愿意去学数字化的图书管理工具。我们现在假设，通过充分认识学习新的知识能给他带来的好处，以及预想在不久的将来收获这些好处时的胜利场景，他克服了困难，重新激发了学习渴望。我们也假设他可以更加中立客观地评价自己，他知道自己不擅长计算机，并且担心是否能够学会这些必要的技巧，但他也知道他在图书管理方面有很深的知识积累，内心非常坚定地想要获得持续的成功。他也是一名条理清楚的思考者，换句话说，他也非常清楚自己在学习计算机知识这一新领域的优势和不足。

现在，我们的任务是帮他重新点燃好奇心的火焰，并应用到这个学习主题上来。假设，罗恩现在与你一起正在读这本书（多么有意思的巧合！）。他已经开始在自己感到好奇的主题上采取行动了。对他而言，他对法国葡萄酒很感兴趣，特别是罗纳河谷葡萄庄园里的酒。罗恩对此深深着迷，他和他的妻子甚至买过罗纳河谷葡萄园的股票。他查阅关于酒的书籍，订阅了几个关于葡萄酒的博客，选择有好酒的餐厅吃饭，并且喜欢和侍酒师以及餐厅的老板就不同的葡萄酒进行深入的交流。罗恩对于这个主题的好奇心简直贪婪到永远不会满足。在他开始考虑关于葡萄酒的内心对话时，发现他的问题是由这些部分组成的，“为什么葡萄酒庄园可以年复一年地生产如此完美的产品？我怎样才能够继续提升对葡萄酒的品位？我想知道是否我们葡萄酒园的老板会考虑更换软木塞？”

然后他意识到在图书馆时，对于图书数字化项目的效果，自己原来的看法的确就是“没好奇心的自我对话”，只是关注在自己不感兴趣的事实和排斥心理：“我对这个一点兴趣都没有”“我不觉得这个对我很重要”这两种想法对他是最没助益的自我对话。

罗恩所经历的这个过程，就是我想鼓励你也去经历的。他改正了自己对图书数字化工程的“没好奇心的自我对话”，而这是从自己关于葡萄酒的“有好奇心的自我对话”为起点实现的。他把上面两个“没好奇心的自我对话”都进行了改正。“我想知道我是否能激发自己对图书数字化工程的兴趣？”和“为什么我的老板会认为这是一件意义如此重大的事情？”

这些看起来还只是在通往好奇之路移动了一小步而已，他现在觉得好奇的是，这个事情本身是不是值得去投入自己的好奇心，不过这样也已经不错了。记住，当你对自我对话的内容进行再思考时，关键是要让自己确实相信这新的自我对话的内容。对于罗恩而言，不可能一下子从“我对这个事情一点不感兴趣”直接跳跃到“我对此太着迷了，它究竟是怎么工作的？”，这不太符合实际情况。想将星星之火发展成燎原之势，还是需要花一些时间并付出努力的，不可能转眼就实现。

看完罗恩的案例之后，为什么不尝试一下对你觉得想要或需要学习的事情变得好奇起来呢？

试试看

选择一项你需要学习但目前又不太感兴趣的内容。（你可以从第3章中选择的不太想学习的内容中挑选。）

关于这项内容，你所做“没好奇心的自我对话”的内容有哪些？（不感兴趣或心怀抗拒）

回顾一下你在以前的行动中，表现出的有“好奇心的自我对话”。将这作为一个起点，再对你上面的不太积极的自我对话内容进行再思考。记录下两条在这个领域，你可以开始向自己提问的，并且觉得可信的、有好奇心的自我对话的问题。

如果你成功将一个领域的好奇心理转移到另外一个领域，那么恭喜你，现在让我们帮助它燃烧得更炽烈一些吧。

沿着你的自我对话内容行动起来

当你由衷地对某件事情感到好奇的时候，你会想知道“怎么样”

“为什么”以及“我想知道”这类问题的答案，你就会主动采取行动去寻找这些答案。

几年前，我决定去学习纺线。我之前做过大量的针织活，当我在北卡罗莱纳州阿什维尔市的一家商店买了一些漂亮的毛线后，店主告诉我这些线都是当地的一名女士手工纺染的。“太酷了吧！”我想。于是我买了纺车，也准备纺线。可是设备买回后的一年间，一直被我丢在自家的客厅里招灰惹土。最后我意识到我的期望还不够强烈（我把轻微的兴趣和实际的期望弄混了）。所以我开始拿自己当这一理论的实验品，练习通过识别学习纺线会给我带来的益处，以及设想当未来自己收获这些益处时的喜人景象，来提升自己目前的兴趣水平。我是这样想的：“从羊毛开始做成一件成品服装，该是一件多么有成就感的事情。期间有这么多机会来发挥自己的创造性！把一件全由自己手工制作的礼品送出去，该是多有面子的事情啊！”于是我又对自己在这方面的能力做了中立客观的自我评估：我有较好的运动协调性，能顽强克服困难，但我也有缺乏耐心的缺点，而且我仍然不太喜欢从差开始。

有了理想激情和客观的自我评价做后盾，我开始产生好奇心。“我是否可以通过视频网站（YouTube）来学习呢？”我这样想，并且顺着这“有好奇心的自我对话”打开了电脑，登录视频网站，并在上面搜索“学习纺线”。在看了大量的视频，经历了众多失败的跟学模仿之后，这时我的大脑里面又冒出来一个基于好奇心的问题，“为什么这样做不行？”我接下来的行动是略微进行反思，此时我意识到接下来我需要做的是请一名现场老师给我指出错误之处。我将这个想法告诉我的丈夫，于是他把这个纺线辅导课程作为圣诞礼物送给了我。瞧，虽然我现在是个笨手笨脚的新织女，但一次比一次做得好（我注意到我的第一堂课并没有想象中的那种如果不自觉接受从差开始的理念就会遭遇的痛苦，其中的原因我们会在下一章讨论）。

你也许注意到在“有好奇心的自我对话”之后采取的行动，就像是为回答你提出的问题而专门设计好的简单案例。这是一个自然的进展过程。你先在想，“怎么样……”或“为什么……”或“我想知道……”然后自然就会想回答这些问题。我们天生就会遵循这样一个过程，我们人类在知识和技能上的点滴进步都是这样取得的，从钻木取火到学会最新的基因疗法，都遵循同样的路径。从“有好奇心的自我对话”进展到兴致勃勃地采取行动，这之间横亘的最大障碍就是你“没好奇心的自我对话”会再次跑出来扯你的后腿。

例如，当我难以通过观看视频学会纺线后，我就问自己：“为什么这样做不可行呢？”（这还是简单、良性、以好奇心为基础的自我对话。）我内心的自我对话可能这样回应：“哦，谁在乎呢，我还有更重要的事情要想。”这是典型的兴味索然和不屑一顾的口气，马上就会摧毁我在找出这种方法失利的原因以及解决方法方面的积极性。

还记得我在上一章中集中关注了管理自我对话这一课题吗？我和你分享了自我对话的模型，包括识别、记录、再思考和重复四个方面的内容。我想强调的一点是，在重新找回好奇心的过程中，重复这一步骤也是非常有帮助的。作为成年人，我们大多数人都已经养成了顽固的习惯，总是拖着我们与自己的好奇心背道而驰。我敢保证你自己就这样做过。当你对某件事情产生好奇时，你不会去采取实际行动来满足自己的好奇心，而是告诉自己那并不重要，或者你才不是真的想知道它，或者对这样一件事感兴趣会显得很傻。这样，你又返回到了旧有的、扼杀好奇心的自我对话模式中去了。

当这种情况发生时，有两种简单的方法可以让你再次回到渴望学习和保持好奇心的正路上来。首先，直接回到你初始那种“有好奇心的自我对话”状态。就我自己的情况，这就意味着我要告诉自己说："不，我真想知道为什么这样做不行。"（意识到能够直接把那个不起帮助作用的声音呛回去，而且没有必要去相信它说的那些没有益处的内容，这对我们是一大解脱。）

再者，你可以选择一些对你来讲容易一些的响应自我好奇心的行动。还是以我自己为例，我经常会去上网搜索问题的答案，或者了解做事的方法。所以遇到上面的情况，上网搜索就是我首先想到的、相对容易的响应自我好奇心的行动。对其他人来讲，找一个朋友问问也是比较容易和自然的响应行动。但对有些人来讲，把事情弄个水落石出可能才是首先要采取的、最容易的行动。

比如，我就注意到，我的客户和学员黛博拉响应好奇心的第一步行动就是：召集一些人开会，将她的问题甩给他们，收集他们的意见，再以此为基础采取行动。她很讲以人为本，很愿意与人协作，所以采取这样的行动是很自然的。

现在你已学会了一些将新生成的"有好奇心的自我对话"转换成实际行动的工具，让我们来试用一下。

试试看

回顾一下你在最后一次活动中都有哪些新生成的“有好奇心的自我对话”。

记下一个或两个对你而言简单的响应行动，你可以通过这些行动来回答你刚刚提出的问题。

如果在行动过程中，冒出来一些“没好奇心的自我对话”妨碍你落实这些行动，你会怎么样来重复“有好奇心的自我对话”，以使自己能持续学习下去？

每天为自己的好奇心火焰添柴加薪

如果你已经开始运用我们讨论过的这些工具，包括把你的“没好奇心的自我对话”修正为“有好奇心的自我对话”并采取行动来追寻自己的好奇心，你会发现内心中由此发生了深刻的变化。那种对多数人而言，随着年龄增长都会强化的对什么都漠不关心、兴趣缺乏的消极状态，在你这里会得到减缓，甚至发生逆转。越来越常出现的情况是，当你在开会时、坐地铁时、或者读书时，会发现自己会这样想，“嗯，我想知道如果……”或“为什么会那样……”或“我怎么样能……”这就是你的好奇心在觉醒，它已经被重新点燃。

你能坚持读到这里，我相信你是想重新激发好奇心的人，想把好奇心作为你的财产，并想将它进一步发扬光大。如果是这样，这里你只需要做一件简单的事情就可以让你的好奇心突飞猛进：创造你个人的“好奇心火柴”并且每天都来使用。

你知道火柴是如何被使用的：这是取火最简单、最可靠的方式。好奇心火柴其实就是一小节自我对话，它能让你简单又确切地点燃好奇心的火焰。一旦你找到了自己的好奇心火柴，你就可以随时随地使用它。

米开朗基罗有他自己的“好奇心火柴”，这一点我在第 3 章就已经提到过。那就是“我还在学习中”这句自我对话。他的传记作者告诉我们，每当面对赞扬时、遇到新的问题时或者向别人请教知识或者意见时，他总会说这句话。这是多么耀眼的好奇心的火花！我自己的“好奇心火柴”则是：“我非常愿意对此了解更多一点。”

这对我来讲很有用，它的表述非常准确（我很多时候的确想对事情了解得更多一点），它鼓励我产生好奇心，它直接引导我形成“有好奇心的自我对话”和实际行动。

像所有积极有效的自我对话一样，你的“好奇心火柴”对你而言一定要是真实的，也要能激发你未来的好奇心。为自己制造“好奇心火柴”的最容易的方法，就是要注意到那些你正在说服自己对其感到好奇的有积极意义的事情，并把它应用得更广泛一些。在我们结束讨论“无尽的好奇心”这项 ANEW 模型技能之前，让我们一起来“制作”属于你自己的最好的“好奇心火柴”，让它每天点燃你源源不断的好奇心。

试试看

想一些你非常好奇的主题。记录几条关于学习这个主题的积极的自我对话的内容。（比如说：我喜欢在这个领域探索，在这个领域知道的多一点会让我感觉满足，或者学习这个让我心情愉悦。）

选择你的陈述中的一项，并对它进行修订以便可以更加广泛地运用。（比如说：我喜欢探索，知道得更多让我满足，或者学习让我心情愉悦。）

这就是你为自己度身定做的“好奇心火柴”的初版。希望你在接下来的一两周内，在遇到新的需要学习的主题和技巧时，或者在有许多东西需要你去学习的领域中，努力去使用你的“好奇心火柴”。

如果你的“火柴”难以点燃自己在这些领域的好奇心，那你需要尝试再去“制作”其他的“火柴”，再试试好不好用。你要知道，在自觉地培养自己的好奇心方面你还是个新手，所以刚开始时做得不太好总是难免的。没有人在没有经过训练之前在任何方面就是现成的专家（莫扎特可能除外）。

尽管这些都是真的，我们也要非常理性地认识到，我们不可能一起手就能把某件事情做得很好，也要知道所有人当新手的感觉一定都不会太舒服。在成长为一流的学习者的道路上，这种不太舒服的感觉是最终的障碍。还记着我在早些时候讨论过的那位先生吗？他在会议上不问问题就是因为不想看起来显得傻。如果不怕看起来有点傻、不怕犯错误、不怕显得笨手笨脚、不怕显得无知，那么你就站到了成为学习大师的最前线，这就是我们下一章要讨论的内容。

CHAPTER 07

愿意从差开始：迷信先天能力就是个“坑”

这项工作最开始进展缓慢，一方面是因为米开朗基罗对壁画这种艺术形式不太有经验，另一方面是因为屋顶表面巨大的尺寸和复杂的结构引起很多特殊问题。举例说明，他发现在整个工程期间，有 1/3 的时间需要让如此巨大的屋顶表面保持足够湿润的状态来绘画，这就意味着石膏在变干之前往往就先发霉了。他曾经亲手铲掉发生霉变的大块画面，并问一名叫雅格布 · 托尼的助手是否有更好的解决方案。这名助手我们一般称他为爱达荷，是一名经验丰富的壁画家。爱达荷发明出了一种抗霉变性能更强的石膏配方，在后面的创作中，米开朗基罗使用的都是这种配方（事实上，这种配方最后成了意大利壁画石膏的标准配方）。

我们讨厌这样

成年后，我们会擅长某些事情，并且真心喜欢这种状态。还记得在第 2 章，我们讨论过人天生具有精于其事的内在需求这一观点吗？我们深深渴望把某些事情做好做精，几乎任何人都希望在某些事情上成为专家，并且乐于展示自己的专业造诣。举个例子，据我观察，在聚会的时候，即使你只是简单地问一下某人，他所感兴趣和所擅长的事情（或者他们认为自己擅长），那当他一开口你根本就插不上嘴了。我们已经讨论过，这种对精于其事的内在需求有着非常好的一面。它让人类从开辟鸿蒙那时起，就不断在各个技能和知识领域阔步向前。

这种精神特质也有它不好的一面，我们是如此渴望精于其事，因此就会将精于某事看成非常有价值的成就，看成我们作为成年人的身份地位的中心环节。由此出发，当面对不太擅长某事的事实时，我们就会变得心烦意乱。我们绝大多数成年人，都深深地讨厌和抵触这种“菜鸟”状态，想竭力逃避那种因为不知道、不会做而笨手笨脚、无能为力的感觉。为了感受真切一些，你可以想想最近一次自己身处如此窘境的感觉。也许那是有人正在向你演示某种复杂的工作流程，你是第一次接触它，但学会它是你的工作需要。或者你也许需要学习一种自动化程序（就像我的图书管理员朋友罗恩），代替以前的手动操作。也许你的老板告诉你：“我们必须找到一些新的推广产品的方法。我知道你以前没有干过这个活，但是我还是要把这项任务派给你……”如果你想想当你尝试学习新技能时，会遇到的麻烦，我估计你马上就会陷入一种由尴尬、沮丧、厌倦、担心和失去耐心混合而成的五味杂陈的感觉。其中的麻烦不一而足，犯错误、来回反复、搞不清问题出在哪里，甚至都不知道问什么样的问题才能把事情搞清楚。这就像鱼游沸釜一般。当我们被要求去学习一项新技能时，大部分人可能都会有这种感受。

就像我在第 1 章所提到的那样，以前年代的人真有可能在成年以后，就再也不用经受和克服这种做回“菜鸟”的心理煎熬。一直到四五十年之前，绝大多数人都是在年青时就学会了他们用于工作和寻求职业生涯发展的技能和知识。终其一生，他们都会按部就班地干下去，只是偶尔才会经历一些微小的变化或者进展。即使少部分后续需要极大地拓展自己知识和技能的人，他们的知识和技能水平也是在很多年里逐步实现的。比如说，一个年轻人可能在 16 岁时从学校毕业，然后就直接继承了父亲的生意；25 年之后，他父亲可能就退休或过世了，此时这个人经过这些年的学习，早已学会了足够的知识和技能，足以接掌大业。

现在，除非你有办法让自己神奇地回到 19 世纪初期那个一生可以保持一成不变的工作世界，否则，随着知识膨胀的速度越来越快，由新知识推动的职业能力和职业范围以令人抓狂的节奏发展，你必须一遍又一遍地从专家重新回到“菜鸟”角色。

换句话说，尽管现在你可能对我说你对这些已经感到厌烦，但我还是要对你说，当我们面向未来，学会从差开始，愿意做回“菜鸟”，还是一个非常必要又非常强有力的自我提升工具。所以，我们还是来认真讨论一下，如何掌握好这个工具。

善于做回“菜鸟”

在21世纪的早些时候，有名叫皮特·斯基尔曼（Peter Skillman）的人发明了一种协作类练习，人们称为“棉花糖挑战”。这个游戏是这样玩的：四个人分为一组，他们手上的道具有20片意式细面、一米长的胶带、一米长的细绳、一粒棉花糖。他们有18分钟时间去完成这个项目，要求是做出尽可能高的自由式站立结构来支撑棉花糖。在超过五年的时间内有五百多人参与过这项游戏挑战，他发现了以下这些现象：工程师和建筑师们做得非常好，商学院的学生一贯表现得非常糟糕。这倒没有什么特别之处。你可能会问：哪个组表现最好，能在规定的时间内搭建起最高的结构？

答案是：幼儿园小朋友！

没错，在这项活动中 5 ~ 6 岁的小朋友经常能打败商学院的学生们、工程师们、甚至是建筑师们。看到这个答案你一定想知道为什么结果会是这样。斯基尔曼注意到三件事情：首先，小朋友没有为“地位交易”浪费时间，也就是说没有确定由谁领头的权利、地位纷争，他们上来就干；其次，他们尝试了很多，也失败很多，但没有非要去找一种“对”的方法；最后，他们向组织者要了更多的意面，而没有一个成年组的成员想到这一点。

斯基尔曼和其他一些人想通过这个试验弄明白，关于协同合作以及原型设计在创新中的重要性这个问题，孩子们能给我们什么样的启发。我从不同角度来分析这个结果。我没有仅仅关注小孩子们做了什么以至于取得了这样的好的成果，而是开始思考为什么他们一上来的表现就与成年人不同。我忽然意识到，他们所做的每一件事情仅仅就是全身心参与、乱闯乱试，而根本就没去考虑谁是这方面的高手；他们尝试了很多方法，根本就没想过要一次做对；他们打破规则，要了更多的意面（后来才知道，所谓的规则原本就没有）。

他们所有的这些行为都是想做就做，因为他们根本不需要为自己此时的菜鸟身份过多顾忌。梅根·麦克阿德（Megan McArdle）在她的《逆转：接受失败，做一个上行的人》（*The Upside of Down: Why Fail Well is the Key to Success*）一书中写道："工程师们有过多年的学校教育和工作经验，这些都教会他们如何去搭建合理的结构。但是小朋友具有更强大的优势，那就是不怕失败。通过尝试和失败，他们知道哪些方法不可行。事实证明，要找出正确的方法，这些都是必备的知识。"

就像大多数小孩比成年人好奇心更强一样，他们在作为新手这方面也比成年人表现得好。每天中的每一刻都倍感好奇，都在从差开始，他们已经习惯这样了。世界对他们是完全新鲜的，他们只想去探究它，没有期待自己是专家，也没有期待自己什么都懂。同时，他们相信自己可以做得更好（至少那些生活在适度爱护，没有惩罚的家庭环境中的小孩会这样想），因为他们迄今为止的整个生活就是一条逐渐上升、未曾打断的连续直线。这就是小孩的世界：我不知道怎么说话，现在我会了；我不知道怎么穿衣服，现在我会了；我不知道怎么拍球、骑自行车、唱歌、用剪刀，也不会数到二十、不会关门、不会识别颜色，现在这些我都会了。

因为他们接受自己在这方面的无知，并且相信可以做得更好，他们不会把自己宝贵的心理能量用来为做得不够好而发窘，用来担心能不能做好，因此他们的思维带宽充裕，可以调用已经掌握的相关知识来加快自己的学习进程。（比如，大多数儿童用来支撑棉花糖的结构看起来就像他们已经熟悉的东西：动物、蜘蛛、房子等。）

那些愿意做回新手，愿意从差开始的成年人使用了与小孩同样的方法。米开朗基罗不仅自己承认，也敢于告诉周围的人，自己不算是个画家，只是在壁画方面有些理论基础，但并不具备壁画家所需要的核心技能。一句话：这方面他不擅长，就是个“菜鸟”。但同时，他对自己学习这些必要技能的能力深信不疑，就像他写信给以前的学生时所说的：“自信是最好、最安全的路线。”一旦参与到这个项目中，他就将自己作为雕刻家、解剖学家和建筑师的所有技能和经验都应用上来，以加速他的学习进程。

有了以上理论作为蓝图，你就可以运用以下的一些方法重新获得成为一只优秀“菜鸟”的能力。

愿意从差开始

- 完全接受自己不擅长某事的事实
- 相信自己有能力变得更好
- 从已经擅长的领域“借力使力”

你可能已经想到了，我们愿意（或者不愿意）接受自己的现状很不尽如人意这一现实，能否对自己做中立客观的评价，以及能否保持无尽的好奇心，这三件事实际上殊途同归：这都事关你如何与自己对话。所以在本章，你会用到你刚刚学会的管理自我对话的技巧，把自己变成一个勇于接受现实、愿意从差开始的勤奋的“菜鸟”。

完全接受自己不擅长某事的事实

当我们必须去做一些新的事情，而又犯了一些不可避免的错误，特别是当这一切发生在其他人面前时，我们的自我对话容易变成这个样子：“哦，我的天哪，我是这样失败的一个人……不行，我得说我这是有意为之的。这太糟了，讨厌死了，现在我看起来一定像个白痴。”这样想完全于事无补，也让人极不舒服。在本章，我们的主要目标就是将这种徒劳无功的自我对话转变成准确可信的自我对话。建立后面这种自我对话需要紧紧围绕的一个中心观点就是，你刚开始去做一件事情时表现糟糕是正常的，不但可以接受，而且事实上也难以避免。

相信自己有能力变得更好

旦你已经不再对自己最初的“糟糕表现”耿耿于怀，就需要给自己立下军令状，告诉自己一定能不断进步，最终脱离“菜鸟”阶段，一定能最终征服任何下决心要学会的事情。

这样做（多做几次，这都在你的自我对话中）能让你在接受了最初的“菜鸟”状态后，加快学习步伐。幸运的是，几乎我们每个人终其一生，都有把事情做得越来越好的经验，足以作为例证来支持我们上述的建议。你要学习如何平衡好新的“接受不擅长”的自我对话和“相信我能行”的自我对话。这样的话，你就可以像幼儿园的小朋友在棉花糖挑战游戏中所做的那样，将注意力和情感都集中到解决学习难题本身上来。

从已经擅长的领域“借力使力”

有了更现实和更有支持作用的自我对话来指引，你就能够更好地利用起任何与这一学习主题相关联的，可能已经存在于你的经验宝库中的技巧和知识，把已经知道的方法和内容应用到你正在学习的内容中。我们将讨论如何从现有的知识和技能出发建起一座桥梁，便于你到达新的彼岸，同时又要避免陷入盲目乐观的陷阱，误以为面对的新事物不过是现有事物的翻版，低估其特殊性的一面。事实上，你可以运用自己刚刚得到强化的好奇心使自己免于落入这样的陷阱，我会告诉你怎样做。

愿意从差开始会有什么样的表现

在我第一次与科特尼·梦露（Courteney Monroe）谈话时，就被她虽然初学乍练，但却坦诚开阔的气度所折服和震惊。此时，科特尼刚刚晋升为美国国家地理频道的CEO，她告诉我在这之前她从来没有担任过CEO的角色，她知道自己还有很多东西要学。她在这样说的时候，没有半点犹豫和尴尬，只是简单地道出事实。“我从来没有向董事会汇报过”，她说道，“我也从来没有像现在这样，执掌自己此前完全陌生的业务领域。我想我肯定会犯错误，但我只想知道怎样尽可能快地掌握它。”

在我们交谈时，我暗想：“她已经接受了自己目前处于新手状态的事实，并且对自己的能力有信心，相信未来能做得更好。这是一个理想的开端。”

事实也的确如此。我与科特尼和她的团队一起为公司规划了清晰的愿景和战略。工作结束之后，她邀请我做她的管理教练。在我与她相处的日子里,我一次又一次被她不同寻常的愿意从差开始的心态所折服。举个例子，我注意到当她与下属交谈时，如果她对这位下属负责的工作领域不太熟悉，就会毫不犹豫地问一些“菜鸟级”问题。她会这样说：“我以前从来没有做过这个事情，你能跟我详细说说这是怎么回事吗？”有时，甚至会这样问：“我不明白你所说的，你能换个方法解释一下吗？”你不会见到她很尴尬或很难为情，因为她根本不这么想。我了解她在这种情况下的自我对话是什么样的，因为我们讨论过这个问题。她的自我对话真正体现出对自己现状的坦率接纳：“我需要去学习，我不懂这件事情。我怎样才能搞懂它呢？我之前从来没有管理过节目制作（或者财政、IT 等）。”

她这种充满自信的自我对话有时还需要进行适度调整，但是因为她对于做回“菜鸟”几乎完全没有抗拒心理，所以能够迅速理解和采用我在这个领域给她提供的帮助。在观察科特尼如何与董事会打交道时，我清楚地观察到掌握这种平衡后所展现出来的巨大力量。她确实很好地平衡了“开始阶段，我难以很好地向董事会汇报”和“我知道，我很快就会学会如何汇报”这两种自我对话。经过很短时间的练习，她已经能够了解每一位关键的董事会成员，并与他们建立了牢固的关系，把手腕灵活与严格清晰很好地结合到了一起。

我也非常欣赏她能把之前担任市场总监（美国家庭影院公司的市场总监，随后担任国家地理频道市场总监）的工作经验很好地“嫁接”过来。她意识到自己在领导团队、管理财务损益、有效理解客户并与其沟通方面的这些技能大部分都可以“移植”过来。她也对如何把这些技巧在新的角色上进行因地制宜的应用产生了浓厚的兴趣。做好知识和技能“移植”的核心就是：识别你已经掌握的，并有助于让新的学习项目又好又快地取得成果的技能，但不要主观地认定你现在正在学习的内容不过就是你已经知道的和做过的内容的翻版。

看到科特尼的方法能够对她处理与团队和董事的关系产生如此重大的影响，这真是让人着迷的事情。他们认为她是一个开放、自信、没有抗拒心理、能快速学习的人，因为她没有假装知道她所不知道的事情；她的团队信任她，因为他们知道可以带着自己也没有弄懂的问题来与她共同探讨。我之所以指出这一点，部分是因为这看起来有点不符合直觉。我这些年执教的很多管理者都不愿意做回新手，很难在心态上做回“菜鸟”，他们担心如果当众表现出某种无知或者“菜鸟”本色，会让他们的员工不尊重他们。然而，我的经验是，科特尼所做出的响应才是一种值得学习借鉴的常态性反应。当一名管理者诚实地坦白他不知道，然后努力尽可能快地学习这些知识，大部分的员工会被他的开放心态、勇气和自信所打动，并且想支持他获得成功。（当然，取得员工这样理解的假设条件是这名管理者不能对这项工作的所有方面都是“菜鸟”一枚。事实上，大部分人会期望他们的老板具备绝大多数必备的技能，只是不会苛求他什么都懂。事实上，如果老板假装在各个方面都是专家，这会让人觉得他很虚伪，也很招人烦。）

我也观察到，公司董事会的成员们对科特尼不以老练 CEO 的架势蒙人，能虚心向他们请教，听取他们的观点和经验，也感到十分欣慰。当他们看到她很好地吸纳了各方意见，在岗位上进步很快时，对她掌控公司能力的信任也进一步加深了。我也观察到，她对学习所持的开放心态，给了董事会成员们特别的信心，相信她能在这个充满不可预知的剧烈变化的媒体行业，能敏捷地预见和拥抱新事物，让公司在正确的轨道上向前发展。

承认自己目前还做不好事情的现实

就像我在前面提到过的，保持菜鸟心态的核心要素是能够管理好自我对话。如果在面对新的学习任务时，你真能停下来倾听一下自己内心的声音，你就能发现此时充塞在你内心的都是对这种“菜鸟”状态抗拒和怨恨的声音。就像：“哎，我怎么就这么笨拙、愚蠢、弱智！为什么我就不能想出好办法？为什么就做不对？为什么就弄不圆满？”这些内心独白不仅不能帮助你学习，还会对你的学习产生重大阻碍。当我们这样跟自己说话时，我们会觉得尴尬、无助、愚蠢、棘手、焦虑，甚至会导致我们产生更糟糕的、没有任何助益的自我对话，这种阴暗无明的自我对话就预示着失败的结局。（“我简直就是个白痴，为什么我还要去尝试做这个事情？我永远都学不会这个东西甚至任何事情！”）实际上，我们这种“就是不能接受”的内心独白，会导致我们内心产生情绪和智力上的窒碍，会表现为负面的感觉和不断恶化的自我对话，到最后我们就完全没有脑力来关注摆在我们面前的学习课题了。

将这种自我抗拒和自我苛评的自我对话转变成坦然接受的自我对话能对你的情绪转向积极状态产生立竿见影的效果，你内心会感到云开雾散，天地澄明。

每当我想去了解和开发新的做事方法时，我都会当自己是一只孜孜不倦的豚鼠。过去这些年，我提炼 ANEW 学习模型就是这么做的，我在各个方面做了大量的努力，来提高自己学习的欲望，增加自我评价的客观性，调动自己的好奇心；当然还有最难的一点就是，坦然承认自己现在就是“菜鸟”一枚。就像我在第 6 章告诉你的，我曾经学过纺线，就是为了亲身探索、验证一下自己的各项 ANEW 技能。在开始我的第一堂纺线课之前，我意识到这是一个很好的练习坦然接受自我对话的时机。我有意识地告诉自己：“我可能会有一段时间干不好，因为我从来就没有做过这样的事。这是很正常的事情。”这感觉就像卸下了心头的一块巨石。就算光是承认和接受自己处于“菜鸟”阶段这一事实，也立马让人如释重负，感到更有希望，也更有力量。

接下来一些激动人心的事情发生了。因为我已接受自己是新手，知道自己的第一堂课可能表现不好，我发现自己这堂课的表现和以往参加其他“第一堂课”时的状态很不一样。我不期望证明什么给老师或我自己看，所以我很镇定地看着老师，努力按照他的建议去做，看哪里没有做好，向他询问怎样进行调整变化，并且反复试验。一小时之后，我就掌握了基本要领，我的老师杰米这样说道：“哇哦，你学得真是太快了。”我把自己这通“坦然接受新手状态”的理论告诉他，他不断点头称是：“我最近尝试教一名专业的织布工，她认为按照自己的专业背景在纺线方面也应该是行家。因此，在没能很快学会织布要领时，她显得很挫败、不耐烦。我接着跟她说，‘没有关系，你才刚刚开始，后面会容易些’。但她好像根本听不进去。她还是自己生闷气，后面反倒越做越差而不是越做越好。一堂课下来，她变得疲惫不堪，连我也体会到十足的挫败感。”

准确地讲，当我们面对新的技能和知识时，我们常常对自己说的一些消极的话，像“我是一个失败者”和“我可不愿当菜鸟”之类的自我对话，会不幸成为“能够自我实现”的预言。我们的头脑里翻滚着这些没用的消极信息，我们开始感觉害怕、生气或者尴尬，我们不再愿意接受新的信息和感觉。于是，我们变得越来越不会学习，这也把我们消极的自我对话推到了一个更高的档位（“我真的就是一个十足的失败者，我永远也学不会这个”）。

让我们停止这愚蠢的行为！

你已经开始学习和练习管理自我对话的技巧，正在练习成为提高客观自我评价能力的公正见证者。你可以将这两项新的能力都用来应对面前的挑战。

下面是我在上第一堂纺线课时所做的准备工作。我识别到我不愿意当“菜鸟”的自我对话可能是这样的：“这会让人感到挫败。我讨厌不会做事的感觉。我希望不会表现得太糟糕。”我将这些对话**记录**在一张纸上。我重新浏览一遍之后，努力尽可能地成为对这一状况的“公正见证者”。经过**再思考**之后，我把自我对话改正为：“做不好只是短时间的，因为我从来没有做过。这就是事情的本来面目，不要太在意。”

我注意到科特尼·梦露在做第一次董事会演讲之前也做了相同的事情。她告诉我起初她意识到她的自我对话就是这样的：“噢，天啦，希望我不要搞砸了，不要看起来完全像个笨蛋。”后来她这样修订了自我对话：“我从来没有做过，如果想知道怎样才能做好还有很多东西需要学，再说并且他们也知道这是我首次参加董事会议。”

现在轮到你了。

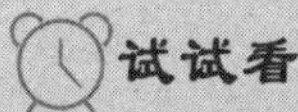

试试看

选择一个新的学习领域，你可能会担心自己不是那么胜任，或者别人会认为你不是那么胜任。（你也可以从第 3 章中选择一个主题，或者选择你在某个领域对“做回菜鸟”仍然感到很抗拒的主题。）

对这个主题，你不愿做回“菜鸟”的自我对话都有哪些内容？

以“公正见证者”的视角，对上述自我对话进行重新解读。结合你现在知道的，在新的领域学习时做回“菜鸟”无可避免这一新认识，建立新的、更准确的自我对话的内容，让自己坦然接受“做回菜鸟”的状态。

如果你像我所认识的大多数人一样，那你一定要不断对自己强调下面的观点：否认自己处于“菜鸟”状态的自我对话是非常顽固、非常有害的。我发现我就需要不断地提醒自己：“我可能会有一段时间干不好，因为我从来就没有做过这样的事。这是很正常的事情。”在第一次纺线课之前和上课当中，我就这样反复提醒了自己很多次，我相信科特尼为她的首次董事会议做准备时也是这样的。顺便说一下，她告诉我，当她接受了自己在董事会发表演讲方面还是个新人这个事实时，她感觉到了和我面对纺线课时一样的轻松解脱和充满希望。最终的结果就是，在这种心理状态下，她的演讲准备过程和实际表达过程都是最有效果的。

相信自己有进步、改善的能力

一个很常见的情况是，当我们面临新的学习课题时，即使能够将最初自我拒绝型的自我对话转变成接受自己处于新手状态的自我对话，比如："我现在还做不好，但是这是学习新东西的自然过程"，但接下来的自我对话有可能是："我可能一直也做不好，再不会做得更好了"。这就回到了我们在第 5 章里讨论过的情景：因为人们觉得自己难以进步，所以很难去准确发现自己目前的弱点。

为了摒弃这种致命的错误观点［卡罗·德维克（Carol Dweck）将其定义为"僵化思维"］，你只需切实以"公正见证者"的视角来观察自己的生活。如果你能客观地回顾自己的生活，你就会发现自己实实在在已经在数以千计的事情上实现了从"菜鸟"状态到精于其事的显著进步。想想你在五岁的时候能做什么，再想想你现在可以做多少事情。人总是在不断学习和进步。成长就是这么回事。所以当你的脑海中不断浮现出“我做不好，而且会一直做不好”这样的声音时，你可以将它们变化成更加肯定、准确的自我对话：“在一生中我学会了很多东西，这一次也一样可以克服困难做得更好。”

你可以通过肯定、强调自己以前学过，又和目前自己尝试的新的学习任务相类似的某些事情，来使自己这种有信心的自我对话更加雄辩有力；你也可以通过强调自己那些胸有成竹的、有助于成为一个很好的学习者的品格，来巩固自己积极的自我对话。比如，我在上纺线课时，是这样来平衡自我对话的：“我确信我能学会这个，在过去的几年中我学过很多手工活，并且都比较擅长。我有足够的好奇心，在学习新东西遇到问题时，我会一直坚持想出解决办法。”科特尼则是这样来平衡她的自我对话：“我知道我很快就能在董事会上汇报得更好。我是一名优秀的学习者，我对所有有利于提高汇报质量和效果的建议都保持开放心态。”

现在你需要利用你刚学的方法创建第二份“平衡”的自我对话。

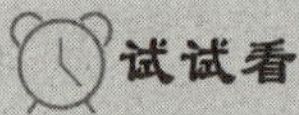

试试看

回顾一下在之前的行动中，你所创建的愿意做回“菜鸟”的自我对话内容。

现在再重新拟定一份更为准确、简单的自我对话，要能反映出假以时日，你对自己在新的领域提高技能的信心。（回顾、确认自己学习类似技能的历史和自己作为学习者的优势，这样会让你的自我对话内容更加有力。）

利用好你内心的公正见证者角色

当你准备开始新的学习旅程时，作为公正见证者的能力是创建平衡的自我对话的关键环节。记住：一份尽可能做到客观、准确的“公正见证者”报告，要基于人的直接经验。我认为，你的直接经验（还有我的，以及几乎所有人的）主要有两点：首先，当人们在一开始学习新东西时，通常都表现比较差；其次，假以时日，我们每个人都有在几乎所有事情上获得长足进步的能力。

同意吗？

然后，你心中产生的一些负面的自我对话可能还会对这些基础性事实提出很多疑问。（比如说：“这么糟糕的状态我是不能接受的！我打赌别人一开始时就没这么糟糕！经理应该知道所有的事情！我永远学不会这个！”）你可以回顾一下第5章学习的“公正见证者”这一方法，并问一问自己：

- 我的自我对话准确吗？
- 在这一领域有哪些实际例子可以用于支持或反驳这个观点？

如果你问自己这些问题，并且尝试去做出客观的回答，我十分肯定你最终会得到正确的答案，站在真理这边。你同样也可以形成有关自己的“公正见证者”的其他问题。当我意识到我内心的声音或者是在拒绝新手状态，或者是一直在强调“我不可能把某件事做得更好”时，我最喜欢的做法就是，直接问自己一个简单的问题：“这是真的吗？这是事实吗？”这就像在给自己的头脑冲个凉水澡，既是在让自己清醒也是给自己鼓劲。这一下就对那些虽然对我们没有帮助，但还是在我们内心聒噪不停的废话给出了明断和了结，使我们能向自己传达一些更准确、更有帮助的内容。

从你了解的领域“借力”

就像我早先说过的，大部分成年人在很多方面都很在行。所以当我们面对新的学习任务时，我们大部分人从某种意义上说，可能都已经进行过与此相关的其他学习了。甚至当你是在学习一件看起来完全不同的事情时，也未必不是如此。举个例子，我认识的某个人在几年前收到了一份工作邀请，在她所在的城市担任一家新的非营利组织的社交媒体营销事务的负责人。她的第一反应是：“为什么他们愿意聘我？我对社交媒体可一无所知啊。”但这家机构看中的是她自己都没有认识到的她与社交媒体有关的经验和专业技能。他们知道她是一名教育专家，知道怎么向其他人推广新的想法；她还是一名艺术家，能以创造性的眼光来看待沟通；而且她还有与广泛的人群建立社交群落的经验。他们觉得她可以运用她所有的专业经验，帮助新组织探索和创建以社交媒体为手段，接近和吸引目标受众的有效战略。

相反的是，我经常看到有的人会南辕北辙，在错误的路上走得很远，他们认为新的学习任务和以前的没有太大差别。我就曾经与某君共事多年，他无意识地使用这种方法来回避对回到“菜鸟”状态的恐惧。比如说，在许多年前的某个时候，那时我们公司的规模还很小，我们计划开始使用会计软件，而不再使用 Excel 表格手工做账。在我们浏览软件演示时，他满不在乎地说：“这跟我平时做的一样啊，没有什么区别。”我满脸疑惑地看着他：“真的吗？我不太懂会计，但在我看来好像不太一样。”我说道。“不”，他很固执地对我说，“几乎就是一模一样。”

遗憾的是，经过了几个月的盘点结账，软件的效率才让他信服，这的确与传统方法不一样。所以有了财务软件之后，他可以最大限度地利用它来简化和改进我们的业务处理方法。

换句话说，在处于新手阶段时，要想保持好从差开始的心态，对这种“借力”技巧的使用要稍微适中一些：不能太过，也不能太少，要恰如其分。也就是说，在面对学习新技巧和知识的任务时，你既不能低估也不能高估它与以往学过的内容之间的关联性。帮助你找到最佳平衡点的手段就是你的好奇心。先不要急着下定论，认定现在要学习的内容与你以前所了解的某些内容是相似还是相异。要怀着好奇心去探究，想一想，要是相似的话你该怎么办；相异的话又该怎么办。

回到科特尼的例子，她没有跟自己说，向董事会汇报跟她以往所做的汇报工作一点都不一样（如果这样说的话，可能会无端吓到自己，而且也并不准确）。她这样问自己：“为了成功地向董事会汇报，我想知道我需要学习哪些技巧，我目前的经验有哪些与此相关？”马上浮现在她脑海里的答案就是，她有很多场演讲的经验；她知道怎样对商业案例进行裁剪；也知道怎么讲才能激起听众的反馈，并对这些反馈保持开放心态（作为营销专业人员，她经常给众人做演讲，也经常与众人合作。接着她问自己另一个关于好奇心的问题，她现有的技能和自己面临的新局面所要求掌握的这些新技能之间有哪些异同？通过这样提出问题并就此进行思考，她获得了大量有价值的信息，帮助她在演讲时更好地与董事们互动。比如说，她意识到学会在众人面前演讲时保持一个舒服的状态，就是一项很大的优势，而这也是她在演讲过程中完全可以做到的。

同时，她了解到至少还有一项新技能在处理与董事会关系时是她所需要的：面对一屋子的老板，要学会有效掌控谈话。这一点其实相对容易一些，她在过去的很多场演讲中认识到，在演讲快结束时或在特定的时间，提几个简单问题，这事就算办成了。但她现在要学习的是如何更有效地与董事们平等交换意见，还要让交流保持在正确的轨道之上，与他们就下一步的工作计划达成共识，并取得他们的同意。当她对新工作建立起好奇心之后，明白这项新责任所要求的不只是演讲的技能，而且还需要团队引导技能，这就要求她对整体业务形成比以前深刻得多的理解。

我和普林多斯的同事经过多年研究发现，如果我们能帮助客户提出科特尼这两个基于好奇心的问题，他们就会更有意去了解如何才能在新的工作领域运用原有的知识和技能。在辅导状态之下，就更是如此。比如科特尼的例子，当她踏入新的工作岗位后，就承担起了更大的责任，会涉足新领域的开发，也想为组织做出新的贡献。这就意味着她进入了一个新的学习阶段，把原有的技能和知识与新的工作要求结合起来，对她而言就是一个重要的课题。（因为我们已经和他们合作，一起努力创造出了有效、平衡的自我对话，他们实际上已经具备了从现有知识和技能起步，继续巩固扩大自己的知识、技能版图所需的清晰认识和感情带宽。）

让我们将这最后一招用到应对你在保持空杯心态时所遇到的挑战上。

试试看

思考一下那些你现在拥有了支持性的、准确的自我对话，并且已经在接受菜鸟状态和保持自信之间取得了平衡的学习效果，问问自己："我想知道现在已经掌握的哪些技能和知识和我新的学习主题有关联？"

选择你认为关联性最强的技能和专业经验，并问自己："这与新的学习主题所要求的知识和技能有哪些异同？"

你已经全副武装了

就是这些。你现在已经拥有了 ANEW 模型的四大基础技能，能够帮助你在这个多变的世界蓬勃地生存下去，能够让你适应当今世界的快节奏并掌握新的技能和知识。这四项技能包括：你知道了如何激发对所需要学习内容的**理想激情**；你知道了如何建立更加**中立客观的自我评价**，认识自己在完成新的学习任务方面所具备的优势和不足；你也学会了一些简单的、能重新唤醒内心**无尽的好奇心**

的诀窍；现在你更知道了学习新知识所需要具备的最最重要的技能：在学习过程中，要接受开始时不可避免的**“菜鸟”状态**，然后再**从差开始**，阔步向前。

亲爱的读者，你已经拥有了成为学习大师所需要具备的核心能力。在我们结束这个话题之前，我愿意在这条路上给予你更多的支持和帮助。首先，我想让你提防你内心排斥学习的恶魔，为你做一些如何精于其事的问题解答；其次，如果你愿意，我也想跟你一起整理你在全书中做过的练习，为的是将 ANEW 技能应用在对你而言真正重要的学习挑战上去。

那么，下面让我们来破除你的心魔。

CHAPTER 08

走向精通：破除自己的心魔

“如果人们知道为了精于其事我多么艰辛备尝，他们就一点也不会觉得这是一件开心的事了。”

——米开朗基罗

如果书读到这里，你觉得很受启发，决定做一名像米开朗基罗那样的高回报学习者，那现在就是你劈山开路，把理论运用到实践中的时候。尽管在这一路上你有大量机会去运用所有的 ANEW 技巧，但在上路之前就彻底搞清楚 ANEW 技巧的实质以及其运用之道，仍然是一个根本性的任务。在本章中，就请你运用所学到的 ANEW 技巧来建构属于自己的 ANEW 技巧。

看完上面最后一句话，你可能觉得自己好像站在了回音壁上，那让我来解释一下。如果你对成为世界级的学者这件事情是认真的，那么当你要学习 ANEW 模型时，也要像学习其他内容一样按部就班地学习。你首先需要激发学习 ANEW 技能的理想激情，对自己的学习基础进行中立客观的自我评价，激发你对它们无尽的好奇心，并且在最初阶段愿意接受菜鸟状态，坦然从差开始。

如果你打算学习了，接下来这两章的内容能够帮助你加快学习进程。在这个章节中，我会提供一些最常见问题的答案，这些问题有些是我们在讲授过程中，从客户处收集来的，有些直接就是我们在学习过程中遇到的。我认为这些都有助于在学习过程中攻坚克难。在下一个也就是最后一个章节中，我会给你提供一个机会，让你自己选择一个发生在实际生活中的重要的学习情境，来全面应用这些技巧。

就像米开朗基罗所说……

这不是件容易事儿。为了成为一个更好的学习者，我已经自觉地努力了二十多年的时间，但有时还是感到需要咬牙坚持。举例来说，在过去的几个月时间内，我要打起精神在三个对我来讲是全新的，但又对当下取得成功至关重要的领域里进行学习（在线学习、播客，以及销售许可培训，你若好奇的话）。在这三个领域的学习过程中，我都明显感受到自己内心的抗拒。

但是我发现从总体来讲，这些事情很值得努力学习，尽管学习过程中可能伴有沮丧和令人恼火的情绪。每次我都会克服内心最初的抗拒，艰难引导自己进入这些新的学习领域。当开始想学习这些专题时，我首先会对自己的起点有个清晰的了解，激发自己的好奇心，接受自己现在还是“菜鸟”一枚的现实，这个过程就像先披荆斩棘开辟出一条通道一样。然后，我突然觉得自己信心满满、精力充沛、能力充足、思路清晰：这种感觉就像智力和情绪能量全部都可以为我所用，引导我从“菜鸟”变成大师。在这个境界上，感觉学习过程收放自如、充满乐趣，并且非常高效。

在这一过程中我们能学到什么

就像其他任何有价值的“常见问题解答”（FAQ）一样，接下来的内容是根据主题来组织的，目的是让你更容易地找到你所需要的内容。你会看到关于 ANEW 模型四个技能的问题和答案，最后一组问题涵盖了人们在使用这个模型时所遇到的综合性困难或者困惑之处（如果你还有其他困难和问题，请通过网站

Proteus-internaional.com 向我们提出，我们会更新“常见问题解答”）。

理想激情

问题：如果我真的不想学某件事会是什么样的情况?

如果这是一件确实没有必要去学习的事情，就不要白白浪费自己的精力和情绪能量来寻找、激发所谓的理想激情了。转而把你的注意力放在你确实需要学习的事情上。但也要小心，你很容易说服自己没有必要学习某件事情，仅仅就是因为你不想学习而已。

尝试着通过你“公正见证者”的视角来看待这个问题。先把你是否想去学习新技能这个问题放在一边，我们就只将注意力聚焦在拥有这项新技能，对你而言有多么重要这个问题上。没有这项技能对你的职业生涯会不会是限制？会不会使你更难实现那些对你很重要的目标？如果上面两个问题中的任何一个答案是肯定的（特别是两个问题的答案都是肯定的），那你就值得为此激发起理想激情。

如果你确定自己的确需要去学习某件事情，并开始强化自己的学习欲望，那你就向前迈出了第一步。通过回答上面的问题，你就确认了学习这项新技能的好处。你要确信，掌握这些新能力以后，你就可以为自己的职业生涯发展打开另一扇窗户，并且有助于实现其他重要目标。

我最近就刚刚经历过这样的过程，就在我前面提到的三个学习领域之一的开播客这方面。当我们开始考虑如何推广自己这本书时，我们优秀的数字宣传专家罗斯蒂·谢尔顿（Rusty Shelton）告诉我，他和他的团队发现，作者如果能定期发表播客，会对书籍的知名度和销量产生积极影响。最初我真不想做播客，这种不想去做的内心对话几乎都如出一辙。我举目所见全是发表播客这件事情可能会遇到的困难（它会消耗大量时间，我不想挖空心思采访别人，我还得想办法让它显得酷一点，等等）。罗斯蒂非常明智地把这个话题搁了一段时间。下一次我们碰面时，他旧话重提。那是在为了讨论新书而举办的午餐会上，我自己这样想（可能带有一点怨气）：“好吧，好吧，看来我是必须这样做了。如果我不去经营播客，这本书的销量好像就很难达到我们的预期目标，这真糟糕。”

当我意识到这一点后，我就开始亲身体验这个我一直鼓励你们去尝试、去运用的方法。

我开始把自己的注意焦点从做这个事情会遇到的阻碍和困难，转移到它能给我带来多少益处以及对我的重要意义上（比如，可以对书进行在线宣传，还可以通过这个渠道与读者保持联系，并给他们提供实际帮助）。接着我预想了未来收获这些好处的可能场景。（备注：收听由奥马尔制作的“100美元MBA秀”的播客，对拓宽我的视野帮助很大，他的播客更新及时，内容有趣、实际，并且聚焦商业领域，我开始预想怎么去运营自己的播客，让读者也能产生共鸣。）

问题：有时候我很清楚地知道学习新事物的好处，但我还是说服不了自己去做。比如像锻炼身体，或者学习使用推特(Twitter)。我应该做点什么呢？

务必要搞清楚，知道某件事情的理论效益和你个人亲身体验到实际好处是区别很大的两件事。健身就是一个很好的例子。你在过去的二三十年肯定知道有规律的锻炼对你的好处：它可以使你心脏和呼吸系统保持健康，能帮助你控制体重，让你变得更加强壮，对你的骨骼也有好处，还能降低精神压力，提高你的平衡能力，让你的大脑保持更好的状态等。但除非你意识到以上的一个或多个好处是你迫切需要的……否则你还是不会锻炼。

我开始进行有规律的锻炼，不是因为上面的任何一个理由。那激发我对锻炼产生强烈欲望的原因是什么呢？我是觉得要追上我的姐姐，另外我还想借健身的机会进行阅读。

这件事情的一些细节是这样的：2000 年初，我姐姐开始下定决心减肥并坚持锻炼，效果不错。她整个人看起来更开心，更加充满活力，精神状态非常好。对此我羡慕极了，我的性格十分好胜，于是萌生了要和姐姐看起来一样好的想法，这也是我最初的健身动力。至于阅读，我注意到有些人一边使用椭圆机锻炼，一边看杂志，这对我很有启发。我意识到如果每个星期健身几次，每次花上半小时，这样我就有十足的理由花时间阅读任何我想读的书了。对于我这个有两个孩子需要照顾的母亲和繁忙的企业家来讲，拥有不被打扰的阅读时间是非常有吸引力的。

换句话说，当你尝试着提高自己的学习欲望，以便能学到新的知识时，不要只看到这给你带来的正常的益处。你还可以去发现只与你的需求完美契合的个性化福利。（我可能是世界上唯一为了更多阅读而开始健身的人。）

问题：努力让自己打起兴趣去学习某件事情，这样看起来很假。难道我不应只去追求自己天生有热情的事情吗?

如果只追求“天生”热爱的事物，就能得到你想要的那种生活，那就只追求“天生”热爱的事物就好了。然而，我们大部分人都会发现，想要在这个现代化的世界里蓬勃地生存下去，取得自己想要的成功，我们就需要培养新的热情——有时是对一些我们以前不感兴趣的事情。

让我们稍微深入地探讨一下这个真假热情的问题。因为在这个需要区别的问题里隐含着我们对新的学习意图的一点微妙的抵触情绪。最近，我与正在辅导的一位管理人员谈论到一些与此非常类似的问题。他刚刚接到强烈的反馈，认为他应该在与同事和下属建立良好关系方面好好地改进一下。他告诉我，他感到在自己其实不想做这件事的时候违心去做，连自己都觉得有点“假”。

“这不是我，”他说，“我就不是善于处理人际关系的人。”

“在你的职业生涯中还有其他你觉得需要学习，可又非常不想去学的事情吗？”我问道。

“当然有，而且还不少。”他回应道。

“那么那些都不假吧，因为……”我在将他的军。

“好吧，那些都是工作技能，我必须得学习它们。”他回答说。然后他停顿了一下，笑了笑，又摇晃着脑袋说道：“啊哈，所以当我说‘这不是我’时，只不过是为我不愿意做这件事找一个理由罢了。我明白了。”一旦看清了问题的症结，我们就可以开始探讨学习建立更好的人际关系所能带来的各种好处了。（有趣的是，他意识到“发现好处”的方法可以让他去主动地学习以前感到兴味索然的工作技能。）

所以，要成为自己的“公正见证者”。如果你告诉自己学习不一样的事情看起来“很假”或者“不真实”，这可能只是为自己缺乏学习激情，找到一条开脱的理由而已。

问题：学习复杂的事情通常需要学习大量的次级技能。我有必要对这些技能都燃起激情吗？

问这个问题的是我的同事兼朋友，她是在学习如何销售普林多斯服务的过程当中提出这个问题的。她担任教练和引导师多年，大部分精力都专注于提供这些服务而不是对这些服务进行销售。现在她想建立自己的客户关系。她已经对顾问式销售的技巧产生了强烈的学习欲望，并且感觉已经箭在弦上。随着自我意识和好奇心的增强，她意识到销售技巧实际上是由一系列次级技能组成的。有一部分技巧是她的强项（例如：聆听和判断他人的真实需求），但是有些对她来讲是全新的技能（如对需求和供应进行快速匹配，并推进到协议阶段）。

当我对她的案例进行思考时，我意识到，如果你对学习整套技能内心感到压力山大的话，不妨先专注于“部分愿望”。换句话说，如果学习一套复杂技能的大理想，能够激励你毕其功于一役，把所有必要的次级技能都学会，这自然再好不过。但如果你在学习复杂技能时，突然发现自己感到无能为力了，那就要看看自己是不是遇到了一项自己不愿学，而对整套技能的学习又很关键的次级技能。

我看到过这种现象发生在我的另一个同事身上，她也决定，组建自己的客户资源。在一段时间内，她相当努力地坚持学习，并开始对这个有希望实现的前景产生了一定兴趣。然后，又过了一段时间，我注意到她开始有点松懈了。她开始为此找出五花八门的理由（太忙、心烦意乱、其他工作优先级更高等）。但是当我们讨论这个问题时，她说她知道自己是卡在某个特殊的次级技能上。她在与潜在客户交谈时，当想把话题从谈天说地转移到“让我们谈点业务上的事”时，自己觉得很不舒服、很难为情。当她认识到在销售过程中这是一个关键的次级技能时，她意识到自己必须调整到想要学习这个次级技能的心态上来。

理想激情的特点是，自己很容易搞清楚到底有没有。如果你确实不采取任何措施去做某件事，那你就是真的不愿做，不论你给自己讲什么道理都是枉然。因为你的理想激情温度不到，就是这样。

这是个十分直接、简单的反馈循环。不愿努力学习？因为没有足够的理想激情。下定决心努力学习？理想激情到位。一旦你明白这个循环，你就会更加善于激发你的学习热情，而不是想方设法找理由为自己开脱。

中立客观的自我评价

问题：我觉得我比别人对我的评价更优秀。也许他们只是没有看到我的能力。

你也许是对的，可能人们对你的了解不够清晰。然而，更有可能的是，这里有另一个问题在起干扰作用。你可能是将你目前的能力和未来的潜能搞混淆了。换句话说，人们现在评估你，是基于他们看到的你现在所能做的事情；而你进行自我评估时，往往基于你觉得自己能做什么事情。这是一个影响你对自己做出中立客观的自我评价的非常普遍的问题。

最近，我和一位新任经理谈论她的下属。此人是她担任管理岗位后管理的第一个下属，他们遇到这样一个问题：她关注的是他正在做的事情，而这位职员更关心的是自己能做的事情。这家伙在目前的岗位上表现得一直差强人意，但却老是要求升职。当她说："我不觉得你已经符合升职的条件。"他却说："哦！我当然够条件了。我完全可以做更加高级别的工作。"

此时，她是一个公正见证者，对下属做出了中立客观的评价，也得出了合乎逻辑的结论："我观察到，你做这份工作并没有达到超出期望的标准，我没有理由相信你可以高标准地完成好一个更高级别的、要求更高的工作。"而他却完全没有考虑事实情况。他把他的自我评估建立在他自己认为可能的基础上。这不是中立客观的自我评价，而是一厢情愿、毫无根由的幻想。

如果你发现自己经常认为自己的做事水平比别人给出的评价

高，你可能就陷入到这个迷局中了。这里有一个很简单的解决方法，但你需要一定的勇气，还要有做自己的“公正见证者”的自我约束。

首先，从那些认为你不具有某项技能特长的人中选出你最信任的一个。也就是说，这个人素来公正、准确，敢于向你犯颜直辩。让这个人尽可能具体地向你描述，他看到的你目前在这一领域的表现和他认为“好”的表现之间的差距。

当这个人在描述时，你要真正集中注意力、调动好奇心、努力全面理解他正在说的内容（这将有助于防止你的自我对话，倾斜于自我防卫、找借口、或者竭力想反驳对方的念头）。记住：在这个会话里，你的目的是要理解、记下这个人所说的一些事情，那些听起来比较准确的评价，以及说明你目前的状态和“好”的状态之间具体有哪些差距的内容。所谓的“好”，也就是那些被评价为“好”的人做出的而在你身上没见到的两三种行为。

如果你能完成这个练习，它将帮助你开始了解“我现在能做的”和“当我学习后，我可能学会做的”两种情况之间的重要区别。准确地察觉这种区别是建立中立客观的自我评价的关键，也是成为一个高回报的学习者所应具备的基本素养。

尽管这个练习过程很简单，但你会发现这并不容易做到，甚至有些令人心生恐惧。如果你发现自己很难理解这个人在说什么；或者你会情不自禁地打断他的话，表达你的不同意见；或者发现自己生气了；我觉得你的内心可能已经被什么东西阻塞了。我们对此已经做了不少讨论，这说明你可能认为自己再也不会在这项技能上有所进步了。如果是这样的话，你不愿意承认自己现在不够好这一点也不奇怪。因为，这就意味着，在你的内心中你认为这已经是板上钉钉的事了。

在这种情况下，你需要把这种负面的自我对话亮出来，并摆脱它。如果你意识到脑海中的声音正在宣称某种版本的“你不可能做得更好”的谬论，你就要用自己在前些年中，所经历过的咸鱼翻身的实际事例来加以反驳（甚至一些简单的事情，如熟悉了社交媒体网站，学会烹饪一道新菜，或学会在线游戏），并告诉自己：“我把很多事情都学会了、做好了，我也可以把这件事情做好。我承认我现在对此并不擅长，但这没关系。”

问题：在我还完全不了解的事情上，怎么能准确评估我能做到什么程度？

这是一个很棒的问题，这就是为什么有好的“信息源”如此重要的原因。你可能还记得，我们在第 5 章谈论到要找能给我们提供反馈的“信息源”时，我提到一个好的“信息源”需要具备三个重要特质：非常了解你、想为你好、愿意和你说实话。

但如果想让你的“信息源”在一个自己完全是“菜鸟”一枚的领域能准确评价你，他还需具备一个额外特点，那就是这个人需要在这个领域具备一定专业知识。这样的话，他就能够把你现在的技能水平，和他理解的在这个领域达到“好”的水平应该表现出的状态进行对比，并告诉你在他眼里这个差距有多大（类似于我们上面谈到的问题）。

此外，如果你想学习的内容依赖于一定的体能或知识基础，你的“信息源”也可以引导你去进行一下客观性的技能测试，以确定你的初始能力水平。在学校这些年我们都参加过这类测试：测试 1/4 英里距离你能跑多快；或你能否把南美洲所有国家的首都说出来等。

但是，对于我们现在需要掌握的很多复杂技能，我们很难找到类似的测试，这些技能通常是知识、互动技能、价值判断和信息模式的组合，像商品销售、人员管理、产品开发等技能都是如此。为了确认你在这类技能上的起点水平，一个好的“信息源”通常是你最好的选择。找到一个擅长这一领域的技能，并且拥有那三项关键“信息源”特质的人，请他诚实地评估你目前的能力。然后，更关键的是，听听他认为你的“公正见证者”心态达到了什么程度。

问题：好吧，这有点尴尬。我刚刚得到一些反馈，看起来我在某件事上并不像我以前所认为的那么在行。那我现在该怎么办呢？

这的确令人尴尬。特别是当这种情况发生在一个比较公开的场合，比如在工作场合时。有时我们辅导的管理人员在辅导开始阶段，就会发现他们正处于这种状况中。此前他们职业生涯一直顺利得像一条直线，认为自己做得很好（因为没有人说过别的话）。可突然间，他们的老板要求他们必须要学习一些新的技能，或者要变换工作方式，或者要把现有工作做得更好一些，告诉他们只有这样才能持续成功。我辅导过的许多管理者的第一反应都是打电话（有点自我辩护意味），询问为什么他们需要被辅导。

在这里，你需要将中立客观的自我评价与愿意从差开始、做回“菜鸟”的心态结合起来，还有一点你现在已经很清楚，改正你的自我对话对做到这两者都至关重要。

当我们发现在一些很重要的领域，我们难以做到像自己所想象的那么好（例如管理或领导他人，或者保持我们的核心专业技能不落伍），我们的第一冲动往往是试图宣布这样的反馈无效，那样我们就不需要接受这一令人尴尬的现实了。在我们的大脑中所形成的自我对话是这样的："这太荒谬了，员工们又能知道些什么？"或者"我只不过这几个月不在状态而已"，再或者"那些给这样反馈的人是嫉妒我"等，诸如此类的说辞你都可以想见。有些人无限期地停留在这种心态中，他们对从外界得到的每一例批评性的反馈都有完美的托辞。如果我们不想成为这样的人，就要把坦诚开放、公正见证和富有好奇心的心态作为自己的定规坚持下去。

这样，我们就可以认为你已经越过了自我抗拒和反责对方这两个难关，能够认识到别人的反馈都是有事实根据的。可是，此时你的自我对话又有可能走到另一个极端，变成无情地贬低自己："我怎么这么白痴啊，怎么之前不知道/不这样做/看不到这一点呢？"接下来，由于我们在内心独白中把自己评价为"白痴"，因此常常会自暴自弃地预测自己即将面临的灾难性失败：老板可能会辞退我，现在没有人会相信我，或者我需要主动辞职，不然大家会嘲笑我。

有了这样的自我对话，谁还需要敌人呢？自己就是最大的敌人，这种声音在你的脑海中做出令人不安的预测，你感觉不糟糕才奇怪！

这里有一个建议可帮助你转变这种自我对话，使之更好地为你服务，会让你感觉更好一些。一旦你意识到某件事你做得没有原先想得那么好，你可以这样对自己说：“发现自己实际做得没有想象的那么好，这当然很尴尬。但现在我知道（或能够找到）很好的应对之策。并且如果我能让人们知道我正把工作做得越来越好，他们很有可能会对我的改善意愿给予支持，而不是袖手旁观、说三道四。”如果你不太相信上面这个自我对话，你可以建立一个适应自己需要的版本。在这个节骨眼上，无论你建立什么样的自我对话，主要目的都是为了接受任何因为收到这些反馈而产生的负面感觉（尴尬、挫折、沮丧），然后帮助你越过这些障碍，继续满怀希望地专心学习下去。

问题：我对自己的评判太严格，很难认识到自己的优点。怎样才能改变呢？

最近，我花了一个星期给一群高潜质的中层经理做短期个人辅导训练。训练期间，他们许多人与我分享了这样一个现实：他们对待自己比来自外界的眼光更严厉，他们一直在严格地评判自己，因而低估了自己的技能和潜力。特别是其中的一名女性成员，情况更严重。客观地说，无论从哪个角度看，她都是聪明、专注、事业有成，但她的内心却充斥着极为负面的自我对话。她脑海里的那个声音（绝大部分是她自己臆想出来的）一直指责自己的错误。那声音还告诉她，她是注定要失败的，其他人都比她更聪明、更善于表达，几乎她身边的所有人都比她做得更好。

我鼓励她成为自己更公正的见证者，但她真的是进退维谷。每一次当她内心的“公正见证者的声音”指出客观事实（在过去的四年里你已经被提拔了三次），“不公正的苛求之声”立刻就会反驳（现在他们可能后悔提拔你）。最后，我问她：“在你的生活中有没有人只会像这样打击你，只对你说些负面的、伤人的事情呢？”

她很惊讶地看着我说：“当然没有。我的家人和朋友都非常支持我，尤其是我的丈夫。”

“那好！”我说，“如果你有一个朋友是那样对待你，你会怎么做呢？”

“我想我会避开这个人。我怎么会把时间花在一个对我如此苛刻的人身上呢？”

“没错，”我说。我盯着她看了一会儿，直到我从她的眼睛看到顿悟的眼神。“那你为什么对自己这么苛刻呢？”我补充道。

我们不必忍受自我施加的不公平、不宽宏、不友好的苛评之词。我们可以忽略这些“批评”的声音，也可以反驳这些负面声音，就像好朋友或充满爱意的家庭成员一样和自己交流。我们可以将自我对话变得更加公正、善良和宽宏，我们应该为自己的成功加油助威。

无尽的好奇心

问题：但有些事情真是无聊。这些无聊到令人昏昏欲睡的事情，怎么能让人产生好奇心呢？

恕我不敢苟同。我不确定有什么东西是彻头彻尾的无聊。韦氏字典将无聊定义为“处于疲惫和焦躁不安的状态并缺乏兴趣”。你能注意到这个定义没有说明哪件事情就是无聊枯燥的，它只说无聊来自缺乏兴趣。

我的一位多年老友，他觉得很多事情都是无聊的。当人们开始谈论问题时，他不能专心聆听，他的注意力会消散或开始插话，换成自己更中意的话题。他在某些事情上很感兴趣有时甚至有些偏执。但因为他相信大多数事情枯燥乏味，因此他的生活有些画地为牢。例如，我发现他很难享受旅行的乐趣。他的职业生涯几乎没有真正进步过，他仅仅只喜欢停留在他感兴趣的领域。我有一次听到，当他的孩子正在聊自己在学校里的朋友时，他居然来了这么一句："我哪会有兴趣听这个？"

为了保持无尽的好奇心，你首先必须停止受内心这种坚持某些事情就是无聊的负面声音影响。反过来，可以看看自己能不能对那种自己先入主为主地认为是无聊的事情产生兴趣。比如，假设你的老板正在和你谈一个正在实施中的新流程，用于追踪关键产品的库存。你可能会想："这事真无聊。"但你意识到，自己起码要有学会使用这个流程的兴趣。于是，你可能会问自己："为什么老板对这个流程如此兴奋呢？"或者"这个程序会不会比以前的好一点？或者它只是一些好事之徒的笨招？"（比起漠不关心甚至怀疑都会让你更接近好奇心。）几乎任何提问类型的自我对话（为什么、怎么样或我想知道）都会有些作用，都是在帮助你从这个所谓无聊的话题里为自己找出一件能激起自己好奇心的事情。

别误会，我并不是说要你把库存追踪流程当成你最喜欢的事情，甚至不是让你超过觉得稍微有趣这个水平。我的观点是：如果有必要，对任何事情都培养一点兴趣是有可能的。认同这个信念要比认为一些事情本质上就是无趣的，也根本不会成为有趣的东西这种观念有用得多。坚持认为很多事情枯燥无趣，这种想法会把自己困在围城之中，让你与很多精彩的事情擦肩而过。

问题：好奇心会不会过度呢?

如果你把好奇心定义为“对理解和掌握的深层次需要”，那么我怀疑这就可能是过于好奇了。

然而，也有些事情伪装成好奇心，影响了好奇心的美誉。例如，我就知道有些人想要控制他们周围的一切，他们将这种侵入式的关注命名为“好奇心”。例如，有的经理会发出三十个邮件询问下属是否已经完成任务，然后以带有好奇色彩的提问方式，给对方下指导棋（例如：“我想知道你是否想到请示研发主管，请他在接下来的几周内，把某位员工一半的时间投入到这个项目中？”）。如果遇到抵触，这位经理可能会说：“我只是想知道这个项目进展到什么程度罢了。”记住，好奇心就是想把事情搞明白，并把事情做得更好。事必躬亲的烦琐管理，即使是伪装成好奇心，也依旧是认为自己已经把事情搞明白了，有必要让别人把事情做得更好。

另一种伪装的好奇心我称为“无尽的发散思维”。最近，我的一位客户向我抱怨她的老板，该公司的首席执行官，她说这个老板“过于好奇”了。我问她这是什么意思，她说，她的老板喜欢思维无限扩展的头脑风暴会议，要求团队成员拿出无数能改善业务的点子。但是他从来不要求大家选出来一个点子进一步优化执行，或者让大家思考如何创造条件来实现这些设想。即使我们再次回到那个把好奇心描述为“需要深刻理解和掌握”的定义，这种行为也难说符合其意。头脑风暴可以作为激发好奇心的一个良好开端，好的头脑风暴是能够带来些灵光乍现的想法。但是如果你不深入探讨这些想法，并使用它们来改善业务，那就不是真正的好奇心。这是精神和情感上的能量浪费，将这些精力用于学习可能更好。

我看到了这种人只顾高谈阔论，推出异彩纷呈的新奇见解吸引人，却从来不肯付出艰苦的劳动，不愿意做回“菜鸟”、从差开始，努力让这些精彩的想法开花结果。真正的好奇心，我相信我们永远都不会觉得多，它会正确地引导你保持空杯心态，而伪装的好奇心对此会绕道而行。

问题：如果我问一些说明我知识缺乏或理解肤浅的问题，我担心自己会出丑。如果就我一个人不知道这些问题的答案怎么办？

我不相信会有人因为我问了一个好奇的问题，或者暴露出某方面的知识不足而认为我是愚蠢的。人们付给我大量的咨询费，让我为他们提供建议和辅导。所以，完全可以这样假设：他们期待从我这里获取高水平的专业知识和技能。事实上，有两件事我几乎每天都会说，这两件事情都会显得我缺乏了解。第一件是："我不确定我已经理解了你所说的内容，你能换种方式再解释一下吗？"第二件是："你谈的这一件事跟另外那一件有什么区别（或者相似之处）呢？"

我相信提出一些自己感到好奇的问题，不是我们实际上就显得比别人愚蠢了，而只是我们心理上觉得自己比较愚蠢罢了。我们提出问题的架势，就好像是自己已经做好了被别人视为愚蠢的心理准备。例如，当我们认为自己在问一个看起来会很愚蠢的问题时，我们会轻声说话、低着头、咬着嘴唇或者支支吾吾。我们甚至可能要为此而道歉，最糟糕的是我们可能会先来这样的开场白："我知道你会觉得我连这个问题都不懂是有点蠢，但是……"如此等等！

我们还是要回到自我对话来看待这个问题。如果你心里老想着，一旦我问了这个问题，每个人都会认为我是个笨蛋，那在你提出问题时，就确实可能采取这样的姿态，使之成为一个自我实现的预言。

有一种方法能帮助你改变你的自我意识，就是选择一个你对其心怀尊重，而他又很愿意问“菜鸟级”问题的人。你再反问自己一下，当他问这样的问题时，你会觉得他很笨吗？ 我猜你不会这么想。相反，你反倒会觉得这样做的人值得你尊重。我的父亲，一个非常聪明、优秀的律师，同时也是一个保持好奇心的人，他经常对人说：“哇！这个我不太了解，这是怎么回事？”我对我父亲这一点印象深刻，他总是敢于自信地亮出自己无知的一面，而不担心别人会因此给自己差评。因为他认为发现新事物比别人如何判断自己更重要。

然而，请注意这个警告：有的问题，即使是从好奇心出发的，看起来也显得傻。比如，有人花时间来向你解释一件事情，或者分享一些解释此事的材料（而且你也承诺要研究这些材料），而你又向人家问一些，答案就在这些材料里的问题。那人家除了对你的头脑有怀疑，还会怀疑你是不是懒惰，或者对人不够尊重。多年前，我们有个员工就经常这么干。我们刚刚打电话沟通过某个问题，随后她就可能向你发问，而这个问题的答案其实你刚刚和她讲过。我不会和她讨论超出她知识范围的问题，但就算是刚刚分享过的具体信息，她也会再来问你。（例如，有人在电话上说：“我们需要在下周末以前为客户准备好一切事项。”几分钟后，这个人就会问：“我们什么时候需要为客户准备好材料呢？”）

所以，对那些刚接触到的新事物，不要犹豫，大胆发问来满足自己的好奇心。几乎所有看到你大胆发问的人都会认为你是自信的人、自我激励的人，这样你的学习积极性也会倍增。

问题：当人们谈论我不了解的事情，我的注意力很快就会流失，怎么样才能够保持持久的关注呢？

当有人正在讨论一个全新的话题时，你的注意力有两个基本方向。第一个是不感兴趣，这通常伴随着这样的自我对话：“我不知道也不关心这个事情，让他们说去吧，我想点自己关心的事情。”第二个是对此保持好奇心，我们现在知道，带有好奇心态的自我对话，通常是以“如何……”“为什么……”或者“我想知道……”等疑问词开头的句子。

如果你的关注焦点正在流失，就意味着你的思想开了小差。把注意力拉回来的最好办法就是问一个从好奇心出发的问题，然后静听答案。你最好大声发问，这样既可以向演讲者表明你的兴趣，也能让自己更加关注于此（我们总想听听别人怎么回答自己的问题）。其实即使只是在内心向自己提问（例如，你正在听演讲或在听别人演讲的录音的情况），它仍然会帮助你从无兴趣和不关心的状态，转变到感兴趣和主动参与的状态。

如果你发现无论出于什么原因，自己都无法提出一个真正感兴趣的问题，还有另一个方法你可以试一试。给自己安排一个对别人讲话的精华内容做总结的任务，大声读或写给自己看都可以。例如，假设一个同事正在回顾她这段时间以来一直从事的一个项目，而这个项目与你的专业领域相距甚远，这时你发现自己的注意力会流失。如果你想不出一个与众不同的问题，那就安排自己做总结，用几句话总结、记录她谈话的要点。这时我敢打赌，你会发现自己会非常专注于她讲话的内容。

这个方法之所以奏效是因为为了能够总结别人发言的内容，你就必须理解它。 如果你想足够全面地了解别人所说的内容，以便能够总结好，那你就要像“真感兴趣”那样去听。因为好奇心的实质就是想要理解。一旦你试图用想要理解的方式去关注某些事情，你真正的好奇心常常会被激活，而且你会发现自己被这个话题吸引。试试看吧。

愿意从差开始、做回“菜鸟”

问题：你告诉我在工作中愿意从差开始、做回“菜鸟”对吧?

我告诉你是在工作中还没有机会去学习的那些方面，要甘心做个“菜鸟”，从差开始学习。举个例子，假设你曾经是 A 网站开发公司负责用户体验的部门经理，然后获得一个 B 公司高级用户体验经理的职位。如果我是你在 B 公司的新老板，我有理由期待你对创建好的用户体验这方面能够精于其事，并能够向用户体验部门的人员指明如何才能在网站或其他项目上改善用户体验。这就是我聘用你的原因，如果你在这些领域没有我所期望的专业水平，我就会非常不满意。

然而，我也不会要求你一开始就把 B 公司所有业务搞明白。比如，我们怎么做事情，我们的经营哲学是什么，或者谁是公司的重要人物，他们是如何工作的，等等。事实上，如果你假装已经了解，并且在头几个月，没有出于好奇心而提出一连串的问题，我倒会持怀疑态度。如果我是一个合格的管理者，我会认识到这是一份比 A 公司的职位更重要、更高级的工作，理所当然要有更高的要求。这是你在公司第一次有机会管理那些管理人员，你有很多事情需要去学习。我自然也知道到你的专业领域，就像有关网页设计的所有事情一样，每天都在变化，因此你会不断遇到新事物，你（和你团队所有的人）刚开始学的时候，水平一定会很差，直到学会以后才能改善。事实上，如果我是你的经理，看到你在这个新领域的开发工作中，没有不断地做回“菜鸟”、从差起步，我才会对你不放心。因为那将意味着你的团队以及 B 公司都可能会停滞不前。

问题：在人前做回“菜鸟”（特别是我的直接上级和直接下属面前），这样的想法让我很紧张。我怎么做才会更放松一些呢？

就像在任何其他领域一样，这类学习总归也是熟能生巧的过程。越多得在公共场合像新手一样练习，它就会变得越容易。在你第一次主持会议时，你的一个下属说了一些你不太明白的事情，你深吸一口气，然后说：“我不确定我是否听明白你的意思了，你可以用不同的方式解释一下吗？”尽管这样说可能会让你感到尴尬，甚至有点害怕。然后那个人将停下来对你说：“哦，当然。这是我们从销售人员那里发现的。我们问过他们关于去年的……”你会仔细听他讲，然后就明白了。解释的人也会感到自己很重要，而且对你很有帮助。信任和开放的氛围在不知不觉中慢慢提升。换句话说，没有任何不好的事情会发生，反而会有很多好的趋势就此形成。这将让你下次，以及下下次更乐于做回“菜鸟”，从差开始。你关注团队成员并且与部下关系亲善的美谈也会流传开来，你们之间更高质量的交谈就将产生，开会时你的团队成员们会更加充满兴趣地讨论问题。你和你的团队将会收获比以前更多的高回报的学习机会。

在你第一次尝试这个方法之前，你需要调整自我对话来支持自己的“菜鸟”心态，应该积极使用前面章节中提到的任何素材来帮助自己形成对学习有支持作用的自我对话。

问题：难道这就是一本关于“快点失败”的书吗？

不是的，虽然也有点关联。在过去十年左右的时间里，“快点失败”或“早点失败”已成为非常流行的观念。当人们使用二者之一时，想表达的意思就是，当我们在某个新领域开拓的时候，必须做好反复失败的心理准备，要能从失败中重整旗鼓、继续向前。我完全同意这个观点，我认为这个观点之所以能为人们广泛认同，就因为它证实了我们周围的一切如此快速地改变着。我们这个时代与以往不同，站在科学和产业前沿的并不限于少数人，几乎每个人每天都或大或小面临着创新、突破的需要。

认识到学习新东西会遭遇失败，并能平心静气地接受它，这是愿意回到“菜鸟”状态、从差开始的必要前提。确立能够接受自己“菜鸟”状态的平衡的自我对话，再加上牢固的自信，当然会帮助你走出失败，走向成功。

ANEW 模型还给你提供了其他一些重要工具，比学习中的“失败”这一部分内容更有必要加以掌握。你现在已经知道如何激发自己的学习**欲望**，真正把注意力集中在那些需要学习的事情上。你知道如何更清晰地了解自己目前的能力状态和心理状态，提高自己**中立客观的自我评价**。这样，你就可以更加准确地认识自己的学习要从哪里开始。你也知道如何重新发现和保持自己**无尽的好奇心**，因此你可以充分利用你的大脑潜力，去理解和掌握新的学习主题。最后，你还有心理能力建设工具，能使自己**保持“菜鸟”心态，愿意从差开始**。这不但能支持你走出现实的失败，还能支持你克服在新的学习过程中更为常见的心理性失败，如行动迟缓、紧张不安和茫然失措。

事实上，我们发现在你学习新技能的路上，如果能使用好ANEW 模型，就不太可能遭遇重大失败。有证据表明，有很大一部分失败是源于缺乏中立客观的自我意识或缺乏好奇心。例如，几年前，我的一个朋友在一家受人尊敬的非营利组织工作。他们想通过由组织提供的教育课程来吸引更多的募捐者。按照该组织领导人的判断，这些课程能够吸引额外的资金来源，也能把这一非营利组织的教育理念推广到更广泛的人群中去。我的朋友是该组织 IT 部门的负责人，他提醒领导，他们正在考虑使用的课程安排软件平台并不非常适合他们的需求。同时，许可证费用又非常昂贵，因此很难盈利，除非课堂的参与度能得到非常显著的提高。组织的执行总裁对平台存在潜在问题的提醒不感兴趣，也不认为组织缺乏把课程营销得足够好、达到理想课程参与度的必需技能。这位领导可以说，既没有好奇心，也没有中立客观的自我评价。

可悲的是，他们的这项行动成了尴尬而昂贵的失败。执行总裁在董事会上把这件事当做“失败在先”的一个案例进行了说明，而且断言这样的失败是创新过程中不可避免的学费，他和组织已经从这次错误中吸取教训，并保证下次能做好。但我怀疑，由于缺乏 ANEW

模型当中的“N”和“E”的技巧（中立客观的自我评价和永无止境的好奇心），这个非营利组织在这一领域可能还会遭遇更大的失败。

根据我的经验和观察，使用 ANEW 模型中的四种技能，是学习新事物最有效和最快的方式。能帮你减少失败，缩短从新手到专家所需要的时间，并且能帮助你在下一轮学习同一领域目标时，快速摆正位置。

问题：难道我们不是应该扬长避短吗？为什么要尝试做自己不擅长的事情呢？

我们的确应该发挥长处。因此，进行中立客观的自我评价是我们真实学习过程的一个必要环节，也是整个学习过程的重要组成部分。如果我唱歌走调，我就要有自知之明，不能把未来的幸福押在成为一个世界级的歌唱家上。就像我们在第 5 章列举的美国式偶像的例子一样。但是因为的确没有某方面的特长而难以提高和因为还没有学过而暂时不能做好某件事，这其中的差别是很大的。我估计，在未来的数月乃至几年间，把“发挥我们的优势”理解为“只做那些你目前擅长的事情”，这对我们中的任何人都不是真正好的选择。

好消息是，学习的“甜蜜点”正是能够让你发挥自己的优势，学会你目前还不擅长的事情。例如，我们知道你的关键优势之一是：不屈不挠、善于坚持。也就是说，如果你决定做一件事，你会滴水穿石，直至完成。这是非常关键的优点，它能帮助你顺利度过任何新的学习过程中的“菜鸟”阶段。或者你擅长发现事物的规律性，能看到事物之间的相似之处，善于理解一件事物之所以和另外一件事物彼此相类的基本原则。当需要借力你已经知道和能够做的事情，来完成新的学习任务时，这将是非常有用的“桥架”。或者你在建立人际关系方面非常在行，那么当你需要寻找合适的人，来帮助提高中立客观的自我评价能力时就会很有帮助；当你需要找人帮忙解答自己感到好奇的问题时，也是如此。

换句话说，不要把自己的长处当成未来学习范围的限制因素，而是利用它们作为杠杆，从而学得更多、更好。

问题：你曾经有过做回“菜鸟”、从差开始的经历吗？

我丈夫曾问过我这个奇妙的问题。我的回答是，除非你是天生的幸运儿，否则都会有这个经历。如果你从来没有过做回“菜鸟”、从差开始的经历，那只能意味着你还一直在学习，还在不断提高自己的理解能力和创造力，还没有真正上道。

即使在最有经验和最专精的领域，我们也还要不断尝试新事物，要回到“菜鸟”状态，重新学习进步，以便更加精于其事。写这本书就是我最近的例子。在写作本书之前，我已经出版了三本商业书籍，完成了一本大部头的历史小说（还在我的电脑里面），写了数以百计的提案、博客文章、工作手册、市场营销方案等。我自认为是一个文笔流畅的作家，并获得了大量的来自外部的肯定性反馈。在写这本书时，我决定做一些新的尝试，希望这本书更基于一些研究成果，行文节奏更快，能与以前写的书有较大区别。我尝试用这种新方法写了前 1/3，并与我的经纪人吉姆 · 莱文（Jim Levine）分享。他给了我一些非常坦诚的反馈，其中我视为金玉良言的一句是：“这本书有潜力，但现在算不上杰作，原因是这样的……”于是，我开始运用起让自己能保持空杯心态的自我对话（我在尝试新事物，起初的时候做不好是可以理解的，后面我会做得更好），并将以前写书的经验应用到本书的写作中。我重写了吉姆评论过的部分，感觉好多了。随后，我把这些新元素与以前的写书风格结合起来，最后写出了你现在正在阅读的这本书。

事实上，我注意到那些真正的学习大师，感觉他们总是在学习，总是能找到自己不够完美的地方（即使只是相对于自己现有的专业领域），而且总是能做得比以前更好。帕勃罗·卡萨尔斯（Pablo Casals）也许是 20 世纪最伟大的古典大提琴演奏家。在他 93 岁时，有人这样问他：“为什么在如此高龄，你还要坚持每天练习大提琴三个小时？”他回答说：“我发现自己正在进步中……”

几个老大难问题

左右为难的自我对话：我真想改变自我对话，但它就像橡皮筋，拉开后一松手就又回到原状。我真的还能改变它吗？

我曾经辅导过一个女总裁，在她成长过程中，她的父母对她非常严苛，一直在贬低她的聪明才智。当我和她合作时，她已经快五十岁了，她父母已经七十多岁了，但他们负面、苛刻的声音仍然以自我对话的形式日日困扰着她。这对她自我评价的形成产生了负面影响。尤其是当她面临困难境地时，总是发现自己在这样思考问题：“你没那么聪明，这个问题你搞不懂，人人都能看出你不行。”即使她从理性角度知道这些信息并不准确，但似乎也无法摆脱它们。即使当她建立起符合实际、充满希望的自我对话来替代，比如，我已经多次证实过自己的智力和能力，我知道我能做好我的工作。但她还是发现自己一次又一次地原地踏步，再次陷到之前没有支持作用的自我对话中去。她感到极度疲惫和沮丧。这使她很难对事情保持好奇心或愿意从“菜鸟”状态开始学习，如果按照她的自我对话内容，这两种状态对她而言风险都太大了。

经过反复几次试错总结，我们终于找到了对她有效的方法。首先，每当谈起她的父母，或者是他们对自己缺乏信心的陈年旧事，我注意到她的身体姿势会改变。她的肩膀向前紧绷、下巴稍稍内拢，经常交叉双臂，摆出的就是一种防卫的姿态。她的声音也更细、更低，让我感觉她嗓子都卡住了。

后来当我看到这种情况，鼓励她停止说话，用几分钟专注于自己的身体。让她放松肩膀、抬起头、双臂不要交叉，然后我建议她深呼吸三次、放松腹部，让空气轻轻地进入肺部。

我问她感觉怎么样。“很好。”她回答的语气有些吃惊，但声音很洪亮。

“现在尝试去完善你的自我对话，看看效果怎么样。”我建议道。

她停顿了一会儿。我注意到她的下巴微微向上，肩膀往下，看起来更自信、更放松。

最后她说：“现在这个自我对话看起来似乎更真实，”但她的语气听起来还是有些许吃惊，“我相信我会做好我的工作，而且我会坚持做好。”

这不是魔术，她不是突然从那些无益的自我对话中获得解脱。但她明显不像原来那么“左右为难”了。从这往后，当她一感到自己受到了这种负面情绪的影响，总会记得放松和伸直身体，进行深呼吸。这使她转换自我对话的能力得到极大提升，自我对话的内容转移到更有希望和更准确的方向上来。

事实证明，我不是胡编乱造。大量研究表明，我们的身体与内心感受有着很强的关联性。例如，在 1989 年，心理学家帕梅拉·阿德尔曼（Pamela Adelmann）和罗伯特·扎乔克（Robert Zajonc）发表了一份关于微笑对情感产生影响的详细研究报告。他们用了很多方法和调查研究，发现脸上呈现的微笑动作和感觉开心两者之前有着很强的相关性，甚至当微笑是装出来的时候也是如此。例如，当你发出长长的“e”的声音并微笑时，你也会感到开心……从逻辑上说，这种不带感情色彩的方法应该不会影响到我们的快乐程度。

通常，当我们发现自己陷入自我苛求的怪圈时，我们无意识的呼吸和身体姿态都反映出一种由恐惧、不确定性和自我保护混合而成的情绪。我们会绷紧肩膀、呼吸变浅、目光下垂、双手紧握。此时如果能有意识地转向放松状态，打开身体和呼吸，恰如我们感到自信、开放时的表现，我们就更有可能“听到”而且相信自己设计出的更加自信和开放的内心独白。

恐惧：当我想到要学习一些必要的东西时，比如在公开场合演讲，我会感到恐惧而却步。为此我能做些什么呢？

恐惧的力量是强大的。从最好的角度讲，当我们遇到真正的威胁时，它有可能成为一个拯救生命的反应。所以我们要庆幸所有人的内心都有与生俱来的恐惧和不安全感。可问题是，现在我们已不再被大型动物追击，也不必担心每天被竞争对手所伤害，可是我们的恐惧反应仍然和之前一样。

在当今社会，恐惧可能成为社会的慢性病，每天都可能阻碍我们追求自己想要的生活，甚至影响我们追求这种生活的能力。我们日常的恐惧往往是对着那些其实不构成实际危险的事情去的。研究表明：约有 75%的人害怕在公共场合演讲。对我们许多人来说，这是最深的恐惧。那么，确切地说，我们有什么可害怕的呢？在公共场合演讲不会危及我们的性命，甚至也不会伤害我们。最坏的情况下，无非可能会让我显得愚蠢或不称职。然而，有成千上万的人表示“在公共场合演讲比死亡更害怕”。[杰瑞·宋飞（Jerry Seinfeld）有个著名的玩笑，统计表明一般人宁愿躺在棺材里也不愿意在葬礼上悼词。]

至少在公开演讲这一点上，人们通常知道自己是恐惧的。其实最可怕的潜在恐惧我们反倒没有意识到，因为它可能在我们不知不觉的情况下妨碍到我们的学习和成长。例如，几年前我执教的一名管理人员，她对自己的工作深感不满。她的老板，公司的首席执行官，是个地道的坏家伙（傲慢、目光短浅、心胸狭窄、又不是非常聪明）。凭她的技能和经验，她应该得到更多的自主权和影响力，可事实上却没有得到。我与她合作，谋划了一个退出战略，以行动和时间线为标准，为她设计了一个清晰可行的计划。在这个计划当中，开始进行新的学习是重要的组成部分，因为她在公司已经待了多年，从未真正去找过其他的工作。在她的计划中，似乎对 ANEW 模型的各项技能都很重视。并且在我看来，她的学习欲望、中立客观的自我评价、好奇心的激发，以及愿意从差开始、做回“菜鸟”的心态都在她的计划中得到完美达成。然而，当我和她会面去检查计划进度的候，我发现，她根本没有按照自己一个月之前的承诺去做。

我问她这是为什么，她说出了一堆理由：太忙，找不到计划中要联系求助的人，在她的专业领域工作机会缺乏，狗把作业本撕了，等等。我问她能不能转变思路来克服这些障碍，她告诉我，实际上，这些障碍对她来说是完全失控的。如此无功而返，我感到很困惑，于是决定向她反馈我所耳闻目睹的情况。

“那么”我说，“你现在完全遇到瓶颈了，想从目前的岗位上突围几乎不可能。”她盯着我看了一会儿，说不出话来，然后开始号啕大哭。

待她镇定下来后，她说她刚刚意识到她没有努力践行自己的计划，只是因为自己很害怕。

然后我们开展了一场非常诚恳的对话，讨论是什么让她感到如此恐惧。她已经十多年没有找工作的经历了，很担心面试不过关。老板不断的苛责，让对她对自己的能力感到怀疑。她担心丈夫可能不支持她的决定。对于她来讲，这是一个全新水平的中立客观的自我评价，不仅要搞清楚自己的起点，也要搞清楚自己对此产生的感受。当这些恐惧浮现出水面后，我们开始讨论如何克服。这个过程是缓慢的，但当她认清了自己的恐惧后，就能想办法克服它们。了解了这一点之后，她开始能够自如地执行自己的计划了，也开始学习她所需要学习的技能。大约八个月后，她找到了一份新工作，向她喜欢和尊重的人直接汇报。工作极富挑战性，能被上司欣赏，收入也不错。

如果你想从恐惧的束缚中释放出来，试试以下这个方法吧：

承认它的存在：当我的客户意识到她所说的理由仅仅是借口时，她实现突破的节点就临近了。看看你说想学习，而又没有采取实际行动的那些事情，对此你已经认识到它对你有益处也很有意义，甚至连未来享受这些好处时的情境也许你都想到了，但仍然没有为此付出努力去学习。听听你自己的内心独白，你是如何给自己找借口的。现在想象你是中立的第三人，正在倾听你自己的自我独白。那个人如何看待你在这种情况下产生的恐惧心理？一旦你的眼睛能通过这个虚拟的公正见证者来观察，你会惊讶地发现，你多么清楚你在害怕什么事情。只要能够对你自己说："我在害怕这个……"你就已经把这种恐惧摆脱了一半。

问：最糟糕的情况是什么？当你说出了心中的恐惧，问问自己："如果我这样做，可能发生的最糟糕的后果是什么？"让自己一直顺着这个方向思考下去，直至想出可能的最坏结果。例如，“如果我辞去这份工作，我可能永远都找不到下一份工作了。我可能无家可归、发疯，甚至死于饥饿和露宿街头。”接着问自己：“发生这样事情的可能性有多大？”你的答案要尽可能客观。我认为客观的答案差不多应该是这样的：“这种事情极其不可能发生。”过了这个关口后，后面的过程就不会那么让你害怕和抗拒了。这有点像当年你还是小孩子时，晚上睡觉怕黑，你把灯打开：“哦，看，那怪物原来就是我挂在椅子上的衬衣。”

解决这个问题。提问：“我怎么做才能使这种最糟糕的事情发生的概率大大降低呢？”这时你的大脑就开始想办法，努力解决这一实际问题。这可是治愈恐惧心理的一剂美妙的解药。在上面的例子中，你可以决定先不辞去现有工作，直到另外一个工作机会出现在自己面前；或者你可能决定暂时不离开，直到你攒下了足够六个月的生活开销。如果在你有需要的时候，还可以依靠兼职工作作为救急之策。说清楚什么措施会让你减少“最糟糕”的感觉，使其可能性变得微乎其微。

行动。最后，在你感觉恐惧的方向上，先迈出一小步，做什么事情都可以。更新你的简历，最好创建一个在线的个人简历。与有招聘需求公司的员工共进午餐。怀着浓厚的兴趣问问你的朋友，看她是如何找到新工作的。通过一个个简单动作，慢慢驱赶自己的恐惧之心，结果你会发现并没有什么糟糕的事情发生，你最终所获得的自由比付出的这些行动的意义要大得多。你会发现下一步会容易得多，未来也是这样的。

一旦你已经承认、开始解决并无视你的恐惧，你就可以更好地应用 ANEW 模型的各项技能。没有精神上、情感上和身体上的恐惧横亘在前面迷惑和妨碍你，你将沿着自己的道路对心仪之事臻达精通之境。

要改掉“半吊子”作风：“我喜欢这本书，它对我很有意义。我会更好地学习……”每当我读到一本充满“人生指南”的励志新书，我通常会涌上这样的三分钟热血，然后就开始烟消云散。我可以通过什么手段来增加练习 ANEW 技能的机会，或者其他任何事情的机会呢？

首先，我得提醒你，想象一件事情做起来比较酷（仅仅略感兴趣而已）和真正想做之间还是有很大区别的。除非你真心渴望去学什么事情，就像我们在这里所定义的，否则你是不会真正去做的。我和你们一样，读过好多关于如何去干某事之类的书，觉得能照着去做的话真的很棒，但全都没有向前一步、付诸行动。所以，如果你真的想让本书在你身上产生效果,你就必须真正认清建立 ANEW 技能能给你个人带来的益处，并展望当你收获这些益处时的未来美景。

如果你真心诚意地认为自己确实需要更好地掌握（而不仅是理论上）ANEW 技能，你就需要尽快采取扎实的步骤来争取实现。我们已经在管理辅导和培训实践中看到，如果人们在运用这些技能时，能收到立竿见影的收获，他们就能更成功地把这些技能融合在自己的生活实践中。因此，我在全书中布置了这么多项实践活动，我希望你能真正体会到应用这些技能的妙处。这也是我写作第 9 章，即全书最后一章的全部原因。在这一章，我为大家提供一个完整的演练场景，你能在这一过程中演练全部 ANEW 技能。在全部过程中的每一步，我都会为你提供指导，这样你就可以马上开始凝聚起成功的动力。如果你想学习这些技能，我会在这里帮助你。我的确希望你学习这些技能，并获得它们为你带来的所有益处。

所以，如果你想要更多的支持，使它们成为你技能工具箱的一部分的话，那现在就开始出发吧。

CHAPTER 09

马上行动：把 ANEW 技能用起来

我还在学习。

——米开朗基罗

每当别人夸赞自己的作品时，上面这句谦虚的俏皮话是米开朗基罗的标准回应。第一次听见这句话，我就从中领悟到大师能取得如此惊人的成就可谓其来有自：大师把学习知识和技能视为了饱含惊喜、激动人心、充满可能性和机遇的历程。他是真正掌握了 ANEW 技能的大师，从未停止过学习的脚步。米开朗基罗享年 88 岁，直到临终之前，仍然在探索新事物，而那时人们一般活到六十多岁就算高寿了。比如，在 1546 年，他已经 71 岁了，还是接受了罗马教廷指派给自己的一项新任务，即以两幅大型壁画来描绘圣保罗谈话和圣彼得受难的场景。在绘制这些壁画时，米开朗基罗尝试了一个让世人几个世纪来一直感到费解的特殊视角。若从前面看，两幅壁画明显比例失调，世人以为这是米开朗基罗视力衰退，或者技艺失常的结果。后来才有学者认识到，他之所以这样作画，是因为画面是在梵蒂冈宫殿内小教堂的屋顶上，当从下往上看时，画面比例就是精确的，就会正常呈现出来。

似乎在 71 岁高龄担此重任还嫌不够，同年，米开朗基罗还被任命为圣彼得教堂的建筑师。这个教堂此时施工已近四十年，期间有许多建筑师参与其中，但进展缓慢。当壁画项目接近尾声时，他重新调整了教堂的建造计划，虽然还是在原来的基础上继续建造，但是修改了一些设计，使得现有结构更牢固也更美观。他一直工作在教堂建造项目上，直到 1564 年去世。后人按照他制订的设计规范继续施工，多年之后终于全部完工。圣彼得教堂是世界上最大的两座教堂之一，也被公认为文艺复兴时期最负盛名的建筑。

我们不一定要成为米开朗基罗，但我们可以像他一样拿出我们全部的力量去尽情学习，去掌握新的技巧和能力。在这个充满变化的时代，成为一个卓有成效的学习者是我们成功的关键，能让我们在变化加速的情况下，仍然应付裕如、蓬勃成长。

让我们开始吧。贯穿全书各章，我给大家提供了许多实操性建议，让大家有机会尝试我们在每一章讨论到的各项技能。在这最后一章，我想带领大家在一些对你而言非常重要的学习领域体验一遍应用这四项技能的完整过程。把这一章想象成我给你上的一堂个人辅导课。我会尽我可能在这一过程中为你提供指导，就像我们正坐在同一房间内。（为了得到更多的辅导经验，在此诚邀你进入 bebadfirst.com 网站浏览，观看关于本章的视频文件。先前如果你从这个网站下载过一个可编辑的 PDF 文件，在这个 PDF 中你会找到一个做笔记用的框架大纲。）

开始行动

我们给你下的第一个指令是由你来选择一个主题。你觉得什么是你真正想要学习的？你可以挑一个你已经想去学习的主题，这样更容易激发你的学习激情。如果你想给自己更大的挑战，那么你也可以挑一个你不想学的（虽然你真的需要学习）的主题，让自己有机会对此激发出学习激情。

作为一个引子，我先列出我发现的人们（包括我自己在内）近期在学习的一些技能：

- 给予反馈
- 创建网络课程

- 无谷蛋白烹饪
- 授权代理
- 损益管理
- 演讲技巧
- 创建网站
- 增强领导魅力
- 练习瑜伽
- 运营非营利机构
- 使用 Salesforce 销售管理软件
- 做播客
- 搞园艺
- 有战略性地思考和行动
- 针织
- 倾听

- 酿造工艺
- 引领变革
- 跳摇摆舞

你会发现上面既包含了职业技能，也包含了个人技能。因此我们可以认为，凡是学习都遵循同样的规律，ANEW 技能适用于任何一个领域的学习。

选择一项技巧或能力项目，在不在上表中都可以，你个人认为要创造理想生活会离不开的技巧或能力。

本章你要聚焦于学习这一技巧或者能力：

唤起学习激情

现在让我们思考一下你会从学习掌握这项技艺中获取的好处。切记，若想唤起真正的学习激情，这些益处必须对你个人极具意义。如果你已经想学习这个主题，那么这一部分对你来说很简单——因为你已经想到这些意义非凡的好处了只要记下来即可。

如果你决定选择更具挑战性的主题，也就是选了一个你不想学但是你又必须学习的内容，那唤醒学习激情就至关重要。当你思考学习这项技巧可能给自己带来的好处时，就可以应用我们前面已经讨论过的这个方法，就是先把注意力集中到学会别的技巧后你所获得的那些对你很有意义的益处上，深刻体会它，然后以此为蓝本来想象你学会这项技巧后自己所能获得的相应益处。例如（假设我们从上述列表中选择一项），如果你断定做一个更好的倾听者对你来说很重要，但你确实没什么积极性去学习有关倾听的技巧。当你回想起一些最近学会的新技巧，或许是当掌握了更多、更好的开发工具和回应下属的工具时，你曾是多么踌躇满志。于是，你就会举一反三地意识到，如果学会倾听，你同样可以收获这样的益处。多牛！这就是学习的神奇功效。

判断某种益处对你是否有激励作用的另外一种方法是，当你想到某个益处时，可能会马上出现某种情绪反应，那就把它记录下来。下面就是这样一个例子。 比方说，当你通过学习成了一个优秀的倾听者，这给你带来的益处之一是你的老板会更喜欢你。你记得她曾经告诉过你，希望你成为一个更好的倾听者。那么，你就可以用心体会一下，当想到这项益处时，你的“情绪指针”有无发生波动。

换言之，当你想到你在倾听方面的进步可以愉悦你的老板，你有没有感到很振奋、很激动或者对学习更有兴趣？如果回答是肯定的，那就太棒了。关注这些益处会对你的学习行动发挥很大的支持作用。多想想益处，这是支撑你学习大厦的屋梁。如果不是，也就是说，在想到这些益处时，你的情绪反应是无所谓的，甚至是负面的，那么这些益处就无法激发你的学习激情。但接着你可能会想到另外一种益处，你发现做一个良好的听众可以成为更加称职的父母。对于这个好处你的第一反应是积极的（那太好了）。没错，这也是有意义的。

想出并记下你学习自己选定的两三项技能可能给你带来的对你有深远意义的潜在益处。这些益处可能是从过去激励你学习某事的已知益处中产生出来的，或者是当你现想到它们时，让你产生积极感觉的新益处。

> **当我想到习得这项技巧或者能力时，我感到最能对我起到激励作用的益处是：**

不错——你已经分辨出了哪些东西是你个人希望从学习这项新技能中获得的。现在我们要进一步强化你的学习激情，让你想象收获这些益处所能给自己造就的未来的美好情景。

如果你还记得在第 4 章中，我教过你们一个流程，指导你们如何设想未来自己喜获学习成果的情境。那么请你记住，这一流程能够帮助你进入到一个精神的时间机器中，能对你收获学习成果时的情景给出一个非常清晰的心理图景，这对你既是现实可期的，也是鼓舞人心的。

我们经过多年研究发现，通过想象一个你现在辛苦学习所习得的技巧带来丰厚回报的场景，对唤起你的激情具有很强的正面作用。当你能清晰地设想这些精彩的事情将作为你的学习成果出现在你的面前，你就将有足够的激情在学习的道路上奋力向前。

让我们用你在本章所关注的主题来做个实验。

试试看

想象一个“期望中的未来”，那时你正在收获自己的学习成果。

选择一个时间范围（这时你在本领域将会知识丰富、技能熟练）。

想象你正身处这个未来的场景中，描述一下这个成功看起来是怎么样的，你的感觉是怎么样的（收获学习成果后你的感受，你正在做什么）。

挑选出关键因素（用两三个句子，准确描述你在未来时空中正在体验的这种由学习所带来的益处）。

在我们进入到对中立客观的自我评价的关注和讨论之前，你可以花上片刻时间尽情享受你所创造的那个未来的成功愿景。那时，你学习掌握某种技巧和能力的目标已经胜利实现了，而且你正在体验着由此带来的益处。还是拿我们先前的例子来说，即当你学习做一个更好的听众，那么你脑海中情景应该是这样的：我的员工来找我解决问题，我能真正明白他们正在讲述的事情，并且能帮助他们用属于他们自己的恰当方式处理好问题。他们尊重我，在他们眼中，我作为一个经理，既有工作技巧，又能对他们提供支持。在家里，当我全神贯注倾听孩子们的诉说时，可以让孩子们感觉到我的爱，并为此激动。

当我们能够预见到，将来我们得到那些重要益处时的情景，我们就会跃跃欲试地开始行动，让幻想中的未来变成现实。我们的理想激情又会得到进一步提升。

现在你有没有发现自己比原来更想实现自己的学习目标了？你是不是比之前更加想要掌握你的目标技能？如果没有的话，那可能是因为你没有选择到那些真正对你有重要意义的益处，或者说你没有清楚地想象出亲身体验这些益处的情景。如果你的激情没有被激发出来，那你可能需要回到本节的起点，重新开始尝试。找到更多对自己有意义的益处，或者重复一遍“想象未来”这一过程的四个步骤。

如果你确实难以激发对某种技巧或者技能学习目标的热情，而这对你某些方面的成功又至关重要，那么你或许需要为自己选择另外的途径，这种途径不一定需要你掌握这项技能。因为说到底，我们真正会做的事情只会是那些我们想做的事情，而不是那些我们可以做的事情。如果你没有办法让自己对学习某种技巧或者技能的想法足够强烈，让自己愿意为此付出努力。那你最好还是绕过这项学习任务，另辟蹊径吧。

你在最后一段应该做的事情是进行现状核实。有的时候你的确难以勉强自己去做某件事情。如果那件事情对你来说没有一丁点吸引力，那你就不能勉为其难。如果按照现有的发展路径，这对你的成功很关键，那就得重新考虑一下你究竟该选择哪种途径。几年前我丈夫意识到，虽说他已身为 IT 总监近二十年，但他就是没有学习新知识的欲望，而在这个行业想要保持长盛不衰，学习新技能又是非常关键的事情。当他刚入行 IT 业时，这个行业一派生机勃勃，有一种开疆拓土的气势。他甚至写了好几本关于如何使用“网络”的书，这在当时还是一个新名词。同时他还帮助三个不同的组织从头开始建立起 IT 构架和程序。

可到了 2012 年，他发现自己对当下自己所从事的公司里的 IT 职能（比如，数据安全和知识管理）兴趣日益减少。最后，他承认自己已经无法继续在这个领域保持应有的成长热情，他辞职之后开始改行做手工酿酒，他对这件事非常感兴趣。每天我都能看到他满满的正能量。从床上翻身而起，迫不及待地出门，热衷于学习。现在他已经开始经营一个小型的酿酒厂，研发出的一系列自酿啤酒口感纯正、品质上乘。这当中没有奥秘，激情才是学习新知识的动力源泉。

建立中立客观的自我评价

让我们假设你现在已经能够激发出学习的欲望（或者说，至少你现在的激情热度已经足以让你开始学习了），并且你也已经为在自己选择的领域开始学习做好了准备。现在是时候把注意力转移到自身，看清楚自己的学习之旅从哪里起步最佳。

当我们在第 5 章讨论中立客观的自我评价时，我向你介绍过两项相互之间有着内在联系的强大技能：管理自我对话和成为自己的“公正见证者”。真心希望你已经练习过这些技巧，注意到自己是如何评价自己的，并且论证过这些关于自身的假设性问题，以评估自己能否做到中立客观的自我评价。

在开始专心运用这些技巧来中立客观地评估自己在目前所选择的学习领域所具备的学习能力之前，我想先从 ANEW 技能模型中的第四项——愿意做回“菜鸟”、从差开始这方面谈一些事情。

通常情况下，当我们能够对自己足够坦诚，认识到自身的一些弱点，并在自我对话中清楚地给予承认时（例如，我在倾听方面十分欠缺，会粗暴地打断别人。在对别人的话没有真正听懂时，就会不耐烦地说“我知道了”），自我对话通常会将我们引入非常失望的“固定思维”的陷阱中：“我是没办法把这个事情做得更好了。”

在这里，我有必要提醒你一下，此时你可以根据在第 7 章中所学的内容来纠正你这种消极的自我对话。也就是说，此时你应该开动脑筋去想一些自己做过的更提气、更干脆利落的事情。如，等一等，我可是把许多事情都干得很漂亮，包括与他人相处的人际关系技巧等。要用这样的内容来回应那些不太给力的消极观点。例如，我比以前更会赞扬别人的工作了。

我之所以要提醒你，是因为如果你的头脑中盘旋着这些负面的自我对话，我们在承认自身的弱点时就会更加痛苦，因此也非常难以做到。知道自己能够用更切合实际的“自我信任”型自我对话来替代这些负面的信息，会让人力量倍增。

好了，现在穿上你作为公正见证者的法袍，尽可能准确地评估在学习自己所选择的主题时，应该从哪里起步。在你的笔记本中，或者使用你的 PDF 文件，完成下面的两个表。

目前优势/有利条件（在你所选择的领域）	目前弱势/差距（在你所选择的领域）

- 评估一下你所写的内容，并问自己：我的自我对话准确吗？
- 如果有哪些事情你不确定，写下它们并问问自己：有哪些事实可以支持我的观点？
- 根据回答将上述两表的内容再次进行修订，使它们尽可能发挥“公正见证者”的作用。

- 记下任何你意识到的自我对话，不论它所传递的强烈感觉是关于你的优势还是劣势，只要准确就值得重视。
- 最后，如果你发现自己会由于目前的一些弱点，形成一些负面的自我对话，那就用“自信型的自我对话”来修正它。

让我们假设你现在所写的内容已经非常清晰了，你已经完全知道在自己所选择的学习领域应该从何起步。那现在，是时候让你的“信息源”出场了。

> **记住：“信息源”选择的三项原则是：对你在这个领域学习的问题看得透彻，希望你做得最好，愿意对你坦诚相待。**

找到你所选择的这个人，请他给你指点迷津。目的就是为了更好地看清自己。跟他讲清楚这件事情的来龙去脉，尤其是你以前没有请他给你当过这样的参谋时，更要说透一点。

把你写下来的自己在这个领域的优势和劣势给他看，诚挚地邀请他向你做出最真实的反馈。向你的“信息源”保证，不论他说什么，你都会虚心接受，请他放心直言。不论你的“信息源”提出的是与你的自我感觉相符的看法，还是相左的看法，都要认真思考。要确保全面听取对方意见，感谢他的洞见和真诚（尤其是忠言逆耳时，更要如此！）。有必要时，要对自己写下的内容再次进行修订。

现在你对自己学习之旅的起点有了真正清晰的了解。你洞察并承认在该领域目前的长处和不足，并知道自己对此感觉如何。我希望你在学习这个新领域的过程中，能与你的“信息源”一起对自己进行持续的剖析。因为，一旦你在强化长处、改善差距和不足方面取得了一些进步，就有可能生出趋向于两极的错误自我认识。比如，我们在辅导过程中发现一些学员其实只是进步了一点点，但他们自己却认为已经取得了惊人的进步；而另外一些人则不敢相信自己已经取得了可观的进步。

在继续向前走之前，我想恭喜你。要准确地评估自己需要无畏和自信的精神，这也是任何一种高回报的学习得以成功的关键。对有些人而言，痛快地承认自己的不足是一件很困难的事情，他们害怕暴露自身弱势。另外一些人则相反，承认长处对他们来讲不是一件轻松的事情，他们在内心深处一直在告诫自己，不要造成一种吹牛或太自负的形象。我想强调的是，即便在开始客观剖析自我时会让人心生恐惧或感到不舒服，但你做得越多，你就更接近自由、安心和澄明，这来自对当下状态的承认和接纳。

重新唤醒无尽的好奇心

我觉得这是 ANEW 技能中最有趣的一项，唤醒学习欲望和中立客观的自我评价是在面对新学习时必不可少的环节，当你真心希望学习，并对自己有了清晰的了解后，就会出现一种深深满足的状态，但是要到达这个点，还是会有很多困难要克服。

简单地说，重新唤醒好奇心就是找到一种欢喜的感觉!

这是因为对事情感到好奇，然后满足这份好奇心的过程要比万事无聊、无趣、厌烦、疏离的感觉好得多，此类感觉对我们的心理是一种折磨。不知你是否相信，就像在《大脑规则》一书中，科学家约翰·梅蒂娜提到的那样，好奇心和饥饿、口渴、性欲一样是人类最本质的驱动力，因此我们对这一过程感到欢喜完全是合情合理的。这是先天写入我们内心深处的本能反应，这让我们能够生存下来。正因为我们感觉好，所以才能坚持不懈地做下去。

还有一点需要提醒你的是，对某件事情感到好奇并通过探索和实践去满足好奇心，这个过程是非常美妙的，会将你从无聊的困境中解脱出来。我鼓励（可能你已意识到）你将以下的观点融入到你的自我对话中去。当你的内心说："天啦，这个真无聊，我永远都不会去学。"你应当这样来修正："它看起来很无聊，但真正感到好奇后感觉就会好起来，肯定是要比觉得无聊好太多吧。我想知道我是否能做到这一点？"

你心中如果能这么想，那么当你要开始在自己选定的领域学习时，我希望你能想办法设计一些有利于触发和维持好奇心的精彩问题插入到你的自我对话中，并采取行动去寻找这些问题的答案。

> 在这个新的学习领域提出两到三个"怎么样""为什么"或者"我想知道"之类的问题，你对这些问题的答案要非常感兴趣。
>
> 现在，确定一个自己容易上手的行动，通过这个行动去探寻上面这些问题的答案。

你上面提的几个问题以及所采取的行动，都会给你在所选择的领域进行学习提供很强的动力。我觉得这些问题会引导你持续不断地去学习和探索，这也是好奇心的本质所在。

我也希望你每天都为自己的好奇心之火添柴加薪，每天向自己提问一些好奇的问题，甚至可以更大声、更勇敢一些，可以问任何对自己来说很重要的问题。我还需要再强调的是，为了在这个快速变化的世界里取得成功，每天调动和保持好奇心，使之成为日常生活的一部分，是再怎么强调也不嫌过分的问题。比如，我刚在上周与我的新客户聊过天，她作为创意主管的职责是帮助一家曾经辉煌但现在已经失去光环（营业收入也大幅下滑）的儿童品牌重拾活力。她意识到目前自己面临的最大的挑战之一就是，员工们缺乏好奇心的精神状态，这是她亟须解决的。员工们的心理能量还聚焦在对现状进行辩护，证明自己的品牌比儿童用品市场上的其他品牌要好这样的事情上，虽然公众早已给他们投了否定票。她知道如果她（或者我们）能够扭转这种情况，能让员工们去主动思考为什么公司的品牌运营不再像以前那么好，思考他们应该怎样去改变这种状况，思考如果能尝试一些新的事情会不会激发什么变化，他们才有机会将这个品牌带入 21 世纪。这点不仅仅对他们而言是个事实，对我们所有人也都是事实。如果我们能解开禁锢自身创新的镣铐，释放童真时代的好奇心，去尝试一些新的事物，我们才最有可能赶上这个快速变化的世界的节奏。要知道，这种速度已经是当今生活的常态了。

愿意做回“菜鸟”、从差开始

当然，我们也必须愿意做回“菜鸟”、从差开始。我们在本书的阅读之旅中一再提到，在 ANEW 模型的各项技能中，这一项是绝大多数人面对的最难的挑战。特别是在工作中，当你要在众人面前做回“菜鸟”时，面临的困难程度更是会大大提高。

有一种让你在众人面前比较容易、坦然地表现出自己“菜鸟”状态的方法，就是在你关于做回“菜鸟”的自我对话中融入自己对所面临的学习局面进行的准确判断和可靠把握。比方说，某些时候，你可能要在下属面前露出自己对某件事情不擅长的一面，此时常见的自我对话可能是这样的：刚开始我可能做不好，但我知道以后会逐渐好起来。其实，在这种情况下，你完全可以对这种接受、自信型的自我对话进行适当修正使之更适合目前的需要。刚开始我可能做不好，但我需要和我的员工精诚合作把它做好。如果我能保持好奇心，并对自身能力有信心，相信自己能从新手变成高手，这对员工们也是很好的示范。

到目前为止，你应该在管理自我对话方面很在行了，你完全可以利用自己在这方面的技巧，去解决好自己在做回“菜鸟”时内心产生的一些负面的、很难发挥支持作用的自我对话。这里有一个现成的“速查表”，列出了一些当你面临做回“菜鸟”、从差做起的局面时，内心很容易出现的几种自我对话。相信我，并不是你一个人有麻烦，这些内容都是在我们自己头脑中出现过的，我们的客户也都遇到过。

没有帮助的自我对话	有支持作用且更准确的自我对话
我感觉自己像个失败者。	每个人都有过“菜鸟”阶段，就算那些更聪明和更成功的人也是一样。
我讨厌这个。	是的，新手阶段的确让人不快。但我会越来越好的。
我只能假装一下了。	如果我承认我现在是新手，我就能实际开始学习它，以后就不用去假装了。
每个人都会觉得我像个笨蛋。	人们可能觉得我很自信，特别是当我进步很快的时候。
我会被炒掉的。	真的吗？这种想法有数据支撑吗？
我太擅长干这事了。	这不对，我只是在避免承认我现在属于“菜鸟”的事实。
这个没那么重要，我真的不需要去学它。	这只是我的恐惧/不安/焦虑的心态，我实际上是需要学这个东西的。在我的一生中我学会过很多东西，这个也不会例外。

到目前为止，你可能已经很清楚自己抗拒承认在某方面是“菜鸟”的心理特征了（建立在你中立客观的自我评价能力不断提高的基础之上）。所以要认清自己目前的状况，也要把目前这个你要去学习，但还对其一无所知的局面进行认真考虑。要做好准备去处理在你所选择的学习领域“做不好”的窘境（例如，是与同事一起学习还是自己学习？是与熟手还是新手一起学？是快速学习还是长时间学习?）

现在，把上面给出的例子作为我们的思维触发器吧，请你推出适合自我需要的做回“菜鸟”的自我对话版本，以克服那些对自己没有支持作用的自我对话，以帮助自己在特定情境下解决特定问题。

在所选择的学习领域中，我的“甘做菜鸟”式自我对话。

在学习这项技能时，我的自信型自我对话。

如果你已经运用过 ANEW 技能模型，并且在生活的各个方面都尝试过，那么我想告诉你的以下内容，你可能已经经历过了。还记得我们管理自我对话模型的几个过程吗？识别、记录、再思考、重复。改变菜鸟心态的自我对话的关键就在于“重复”，此时这一点十分好用。对我们大多数人而言，作为“菜鸟”时没有太大帮助作用的自我对话经常很固执、也很棘手。我们老是告诉自己，我们

有多不愿意做一只 “菜鸟”，我们可能一辈子也摘不掉这顶“菜鸟”的帽子了。这样的思维习惯就像我们的车被困在一条崎岖不平的路上一样，不停颠簸，难以走出。

用更准确、更有支持性的自我对话来代替原有的自我对话，就像新开了一条大路供你思维的列车驰骋。一段时间之后，这条新路就会成为默认路线。所以，如果你在学习时，因为要接受“菜鸟”心态和自信心态而不得不有意识地切换自我对话，不要嫌麻烦。这个过程会变得越来越容易。你可以应用我们在上个章节里面讨论的一些身体技巧。如果你不能坦然接受新手状态，或不相信自己能做得更好，那就深呼吸，放松你的肩部和手，抬高你的下巴。提醒自己，在你所选择的领域你开始可能做得不好，但是慢慢得你会越来越好。接着再来一个深呼吸……

现在谈一下 ANEW 中最后的一个要素：“架桥”。你已经精通很多事情了，我们每个人都一样。因为我们在这一生中已经掌握了很多技巧和能力，所以当我们在面对学习新事物的课题时，很少有事情是和我们以前学的东西完全八竿子打不着的。这虽然不是不可能，但非常鲜见。

因此，当我们学习新的技能和知识时，我们经常可以将以往学过的技能和知识“架桥”引用到新的领域中来。更何况，我们还能把“公正见证者”和“无尽的好奇心”这两项技能应用进来，让我们的努力更加有效。这简直是架起了天桥一般，会让我们要学习的这些新事物和我们已经了解的旧事物看起来比实际上联系更深。

在从事针对高管的辅导和培训多年之后，再加上我自己学习过程中的心得，我认识到“架桥”应该是我们最大限度减少“菜鸟”感觉的可行办法。比如说，几年前，我辅导过一名管理人员。他非常聪明，商业运作也非常得心应手，可是在放权方面做得很差。后来他得到了另外一个更高级别的工作，独自执掌公司一个部门的业务，但却做得不够好。他的直线汇报对象们，也都是很高级别的人员，认为他参与他们的决策太多了，认为他们自己应该获得更多的自主权。我和他一起来进行中立客观的自我评价，他也承认自己在放权这方面做得不足。

在我准备教他使用我们的技能模型去放权时，他告诉我，他认为这件事情应该相当简单，仅仅是给出清晰的方向（他的原话），而这恰恰是他擅长的。这点我毫无异议，他确实非常清楚自己的方向，但是当我问他怎么考虑这两个问题之间的相似性时，我对他有了不同的想法。

“哦，你知道的，”他说道，“你要让人们了解到对他们的期望是什么，这就是放权的核心，对吗？”

“不错，”我反馈道，“能够清晰地指出该放权的领域是放权的一方面。是的，除此之外，这里还有一些更多的……”

“是的，”没等我说完，他就打断我，“但我说的是主要的，对吗？我只需要说清楚我需要他们做什么?”

我花了很多时间和精力帮他搞清楚，他所认为的给出清晰的方向（这他知道怎么做）和授权之间虽然有共同点，但并不是同一个概念。最终他还是明白了这一点，他在管理上行事直接、简洁和清晰的技巧，能够成为学习授权这一技巧的基础，但他还有其他一系列与授权相关的技巧需要进一步学习，才能把授权真正做好（也许最重要的技巧就是把任务派下去以后，让他们真正自己来完成这项工作！）。

在学会放权之后，他取得了一些成功。他告诉我：“你知道，在我尝试去做授权的时候，我尝试让自己感觉我已经很懂了，或者这事不难学。”这是多么了不起的观点。

所以，当你考虑何种技能可以“嫁接”到新的学习领域中时，你也要将注意力集中在做自己更准确的“公正见证者”和激发好奇心这两件事情上来。这样你的桥梁就会更坚固，这会加速你的学习。

选择你已学会，并能向新的学习领域“架桥”的技巧或者能力。在思考哪种现有技能用于支持你在新领域学习的同时，要超越那种太过浅显、机械的思考方式。比方说，当一个家庭主妇一开始重返职场，她可能会觉得作为“妈妈”的技巧与她在作为协调员的职业角色很难联系起来。二者不可能完全一样，因为在工作岗位上她需要处理与同级的关系，以及与上级之间的关系，有些时候还需要些老练的政治“手腕”（当然，这是对比喂养三岁大的孩子而言），同时她还得遵守新公司的政策和流程。可不管怎样，两项工作起码有一点是相同的，那就是都要在一定的时间内完成多项任务，而且面对的情势都处在不断的变化之中。

所以，你现在可以将自己的思维之网撒大一点，想出一个更有可能性的“架桥”主题。

> **现在问问你自己：这个技能或者能力与你在新的学习领域的要求，有哪些相似点或者不同点？**

这种通过在新旧知识之间搭桥而借力使力的方法，虽然很好用，但有一点我还是要提醒你。在你学习新的主题或者技能时，如果你发现自己在这样想："哦，这就像我知道的另一件事情。"那么，请你将这个陈诉句转变成疑问句："这两件事情真的类似吗？"马上，你就完成了从轻下断言到激发好奇心的转变，你就会以一种开放的心态，去认真探究这两者之间的异同，就能以现实、有效的方法利用起以前的知识储备。

尾声

如果我们现在身处教练辅导课程的现场，我就会看着你提问："那么学到这里，你有没有觉得要把这里学到的一些技能在生活和工作中加以应用呢？"如果你的回答是："是的"，那就让我们定一份协议吧，定下什么时候我们再联系，看看到时候你取得了哪些进展，并与你一起分享成功的快乐。如果你的回答是"不"，我就会问你还有哪里不清楚，我会花更多的时间来讲解和示范。

但作为一本书的作者和读者，我们没有这么好的条件，所以我会给你提供两个资源，为你学习和使用这些技巧提供后续支持。首先，请你继续把本书当做参考手册，帮助你开发这些对你在当今世界取得成功非常关键的技能。经常翻阅这本书，重做一遍书上要求的实践活动，想想自己学到了什么。与他人进行思想碰撞，并把他们也引入这个学习过程中。另外你也可以登录 proteusleader.com 网站，在这里你将会发现我们选定的大量关于 ANEW 技能的视频、音频资料以及文字资料，都存放在“Be Bad First”目录下，还有其他管理和领导力培训资料供你参考。

感谢你花费时间、付出精力来读这本书，我希望你能运用本书力推的 ANEW 技能在这个快速变换的时代为自己创造出令人神往的成功生活。在分别之际，我想用在书中与我们同行的学习者和成就斐然的学习大师米开朗基罗的哲理警句来最后一次启发我们的认识，鼓励我们一起向新的目标进发，打破我们给自身设定的种种限制：

我们绝大多数人所面临的危险不是因为把目标设得太高而功亏一篑，而是目标设得太低，并且在实现这样的目标后就裹足不前。

——米开朗基罗

/致 谢/

有太多人需要感谢，他们对本书中众多观点的形成和本书的出版都提供了很多帮助。

首先，要感谢的是杰夫·米切尔（Jeff Mitchell），他是我的商业合作伙伴，我们一起构想商业发展机会，我们之间是真正的友谊。希望我们能彼此感受到来自对方的欣赏和感激，谢谢你的一路陪伴。

感谢我的代理商吉姆·莱文（Jim Levine），你真了不起！正是在你的帮助之下我形成了本书的写作框架，是你对本书初稿存在的不足给出了简明、坦率的反馈。我要谢谢你的卓见、诚恳和静默中蕴含的热情。

谢谢我最棒的研究助理莫丽·维斯特（Mollie West），正是在她的帮助之下我才能在自己的知识储备中，识别出那些真正的精华，并顺藤摸瓜把众多的知识点识别、勾连起来。

谢谢 Bibliomotion 出版社的每一个人，这里就是我最心仪的出版家园！我真的非常高兴。特别要感谢埃里卡（Erika）和吉尔（Jill），你们一直在实践着自己的企业家精神，这把我吸引到你们的事业中，和你们共同努力。能够和你们一起开辟属于自己的出版新纪元，真是太让人开心了。

感谢芭芭拉·凯夫·亨利克思（Barbara Cave Henricks）、梅根·格拉达（Megan Grajeda）和罗斯蒂·谢尔顿（Rusty Shelton）。你们是真正的行业翘楚，和你们在一个团队里工作我真的很高兴，这是我的荣光。

感谢我在普林多斯公司的同事。我们一起追求的这份事业弥足珍贵，我深以自己的工作业绩和我们大家共同的事业成果为傲，我非常感动我们能互相支持，每天都把公司变成了 ANEW 技能的生活实验室。我知道你们会运用这一切经验来帮助我们的客户共同提高。

我要感谢我的孩子们。你们表现都很棒，愿意让我帮助你们迈向成功。你们不会料到在本书的写作中，以及在生活世界里，我从你们身上汲取了多少教益。

感谢帕特里克（Patrick），感谢你为我做的点点滴滴。

版权贸易合同登记号　图字: 01-2016-4607

图书在版编目（CIP）数据

学习力：知识焦虑时代，如何升级认知 /（美）艾丽卡·安德森（Erika Andersen）著；林梅，苑东明译. —北京：电子工业出版社，2017.9
书名原文：BE BAD FIRST: GET GOOD AT THINGS FAST TO STAY READY FOR THE FUTURE
ISBN 978-7-121-32420-8

Ⅰ. ①学…　Ⅱ. ①艾…　②林…　③苑…　Ⅲ. ①认知科学　Ⅳ. ①B842.1

中国版本图书馆 CIP 数据核字（2017）第 189162 号

策划编辑：刘声峰　黄　菲
责任编辑：刘声峰　特约编辑：李领弟
印　　刷：三河市鑫金马印装有限公司
装　　订：三河市鑫金马印装有限公司
出版发行：电子工业出版社
　　　　　北京市海淀区万寿路 173 信箱　邮编 100036
开　　本：720×1 000　1/16　印张：19.25　字数：160 千字
版　　次：2017 年 9 月第 1 版
印　　次：2022 年 2 月第 7 次印刷
定　　价：55.00 元

凡所购买电子工业出版社图书有缺损问题，请向购买书店调换。若书店售缺，请与本社发行部联系，联系及邮购电话：（010）88254888，88258888。
质量投诉请发邮件至 zlts@phei.com.cn，盗版侵权举报请发邮件至 dbqq@phei.com.cn。
本书咨询联系方式：1024004410（QQ）。